安徽省高等学校"十二五"省级规划教材

单片机原理及应用实验教程

（第二版）

王　琼　主编

合肥工业大学出版社

图书在版编目(CIP)数据

单片机原理及应用实验教程(第二版)/王琼主编 . —2版 . —合肥:合肥工业大学出版社,2013.8

ISBN 978 - 7 - 5650 - 1460 - 4

Ⅰ.①单⋯ Ⅱ.①王⋯ Ⅲ.①单片机微型计算机—高等学校—教材 Ⅳ.①TP368.1

中国版本图书馆 CIP 数据核字(2013)第 190245 号

单片机原理及应用实验教程(第二版)

王 琼 主编　　　　　　　　　责任编辑 权 怡

出　版	合肥工业大学出版社	版　次	2005 年 1 月第 1 版	
地　址	合肥市屯溪路 193 号		2013 年 8 月第 2 版	
邮　编	230009	印　次	2017 年 4 月第 5 次印刷	
电　话	编校中心:0551 - 62903210	开　本	787 毫米×1092 毫米　1/16	
	市场营销部:0551 - 62903198	印　张	13	
网　址	www.hfutpress.com.cn	字　数	324 千字	
E-mail	hfutpress@163.com	印　刷	合肥现代印务有限公司	
		发　行	全国新华书店	

ISBN 978 - 7 - 5650 - 1460 - 4　　　　　定价:26.00 元

如果有影响阅读的印装质量问题,请与出版社市场营销部联系调换。

再 版 前 言

　　本书是安徽省高等学校"十一五""十二五"省级规划教材,是《单片机原理及应用》课程实验环节的配套教材,与作者已出版的安徽省高等学校"十一五""十二五"省级规划教材《单片机原理及应用》构成单片机课程教学的系列规划教材。本书自 2005 年 1 月出版以来,被多所高校选用,受到了广大读者的欢迎,并提出了许多宝贵意见和建议。为此,作者再次对原书进行了修订。

　　全书分两部分,共 6 章,内容如下:

　　第 1 部分　实验指导书,按实验内容分为 4 章。

　　第 1 章　Keil C51 开发工具,本章详细介绍了 Keil μVision3 集成开发环境(IDE)和 Keil 开发工具的使用。

　　第 2 章　μVision3 平台软件仿真实验,本章第 1 版精心选择了 10 个基于μVision3 平台的软件实验项目,并详细介绍了各个实验的任务和实验步骤。本次修订又增加了 8 个基础性软件设计实验项目,希望学生经过大量的软件项目的实验训练提高程序设计水平。

　　第 3 章　PROTEUS 仿真工具,本章介绍了近年来流行的电子系统仿真平台 Proteus ISIS(Intelligent Schematic Input System)系统,并通过实例介绍了Proteus ISIS 的设计方法。同时收入了 4 个基于 Proteus ISIS 平台的仿真实验项目。

　　第 4 章　ZY15MCU12BC2 实验平台,本章简要介绍了实验平台ZY15MCU12BC2 型单片微机实验装置和实验电路,第 1 版收入了简单硬件实验和组成单片微机应用系统实验共 14 个,本次修订又增加了 2 个应用系统常用的接口实验项目——"基于 FM12232A 液晶显示控制实验"和"步进电机控制实验",以培养学生单片机应用系统接口设计能力。

　　第 2 部分　课程设计指导书,分为 2 章。

　　第 5 章　课程设计的实施方案,本章简要介绍了课程设计教学环节的内容和要求。

第6章　课程设计选题,本章在第一版9个课程设计选题的基础上,又增加了14个适用面宽、实用性强和能引起学生浓厚兴趣的课程设计课题,并对每个课题的背景和任务以及设计要求做了详细介绍。

本书共选编了38个软、硬件实验课题,23个课程设计课题。课题既有一定代表性也有一定的深度,学生应在教师指导下,选做其中的一部分。同时,提倡学生在做了一定数量的实验后,能在教师的引导下自行设计实验内容。

皮新哲、解凤姣、徐超和王海燕等同学协助绘制了书中的部分电路图,在此谨表感谢。

为了使本书的内容更加丰富和完整,在编写过程中,借鉴了许多同类书籍的宝贵经验,主要来源见书末所列参考文献。在此,谨向有关作者表示诚挚的谢意!

由于编者的水平有限,且成书仓促,书中谬误之处在所难免,敬请广大读者不吝赐教与指正。

编　者

2017年2月

前　言

　　单片机因其集成度高、功能强、使用方便等优点，已经在工业控制、智能仪表、家用电器等领域得到愈来愈广泛的应用，取得了巨大的社会效益和经济效益。近几年，高等学校的单片机教学也有了极大的发展。许多院校在教学计划中设置了"单片机原理及应用"课程；并安排了单片机系统课程设计的教学环节；而在许多专业的毕业设计中，单片机应用课题常占有主要比重。本书是为"单片机原理及应用"课程实验环节配套的教材。

　　全书分两部分，共 6 章，内容如下：

　　第 1 部分　实验指导书，按实验内容分为 4 章。

　　第 1 章　ZY15MCU12BC2 单片机实验平台简介，简要介绍 ZY15MCU12BC2 型单片微机实验装置和实验电路。

　　第 2 章　Keil C51　集成软件，详细介绍了 μ Vision2 集成开发环境（IDE）和 Keil 开发工具的使用。

　　第 3 章　软件仿真实验，软件实验以 ZY15MCU12BC2 型单片微机实验装置为实验设备，详细介绍了 7 个软件实验。

　　第 4 章　硬件及应用实验，硬件实验以 ZY15MCU12BC2 型单片微机实验装置为实验设备，收入了简单硬件实验和组成单片微机应用系统实验共 16 个。

　　第 2 部分　课程设计指导书，分为两章。

　　第 5 章　课程设计的实施方案，简要介绍课程设计教学环节的内容和要求。

　　第 6 章　课程设计选题，汇集了 9 个适用面宽、实用性强、便于教师增删和能引起学生浓厚兴趣的课题。

　　本书共选编了 24 个软硬件实验课题，9 个课程设计课题。课题既有一定代表性又有一定的深度，学生在教师指导下，选做其中的一部分。同时，提倡学生在做了一定数量的实验后，能在教师引导下自行设计实验内容。

　　刘继清和段志涛同学协助绘制了书中的部分电路图，在此谨表感谢。

　　由于编者的水平有限，且成书仓促，书中谬误之处在所难免，敬请广大读者不吝赐教与指正。

编　者

2004 年 10 月

目　录

第 2 部分　课程设计指导书

第1部分 实验指导书

第1章 Keil Cx51 开发工具

1.1 Keil μVision3 集成开发环境(IDE)

  Keil Cx51 是德国 Keil Software 公司推出的 Cx51 编译器,是目前最流行的 MCS - 51 系列单片机开发工具。Cx51 的全部功能都集成到一个全新的集成开发环境 Keil μVision3 之中。μVision3 是一种标准的 32 位 Windows 应用程序,支持长文件名操作,操作界面类似 MS Visual C++,可以在 Windows95/98/2000/XP/Vista 平台上运行,功能十分强大。μVision3 内部集成了源程序文件编辑器、项目管理器、源程序调试器等操作平台,并为 Cx51 编译器、Ax51 宏汇编器、LIB 库管理器、BL51/Lx51 定位器、RTX51 实时操作系统、软件模拟器、硬件目标调试器等提供了单一而灵活的开发平台。μVision3 系统提供了强大的项目管理功能,用户可以方便地进行结构化程序设计,系统支持汇编语言、C 语言以及汇编和 C 混合语言的程序设计,并为源程序的编辑、编译和调试提供了功能强大的操作平台;μVision3 内部的器件数据库中存储了大量不同型号的单片机片上信息,方便用户系统开发时选用。此外,μVision3 系统还支持软件模拟仿真和用户目标板调试两种工作模式,在软件模拟仿真模式下,不需要硬件电路就可完成用户程序的调试,极大地提高了单片机应用系统的开发效率;在用户目标板调试模式下,系统可将用户程序下载到硬件目标板上直接调试硬件系统。因此,掌握 Keil μVision3 集成开发环境的使用是进行实验的前提,本章将简要介绍 Keil μVision3 系统的基本操作,以及在 μVision3 平台上开发单片机应用程序的一般步骤。

1.1.1 μVision3 操作界面

  Keil μVision3 软件可以从 Keil 网站 www.keil.com 获取安装文件。安装好 μVision3 软件后,双击桌面上快捷图标启动 μVision3 后,系统弹出如图 1 - 1 所示主菜单窗口。主菜单窗口由标题栏、下拉菜单、快捷工具条按钮、项目窗口、文件编辑窗口、输出窗口以及状态栏等组成。

标题栏显示应用程序名和当前打开文件名;项目窗口显示当前打开工程项目的有关信息。文件编辑窗口用于编辑当前打开的文件,它是一个标准的 Windows 文件编辑器。

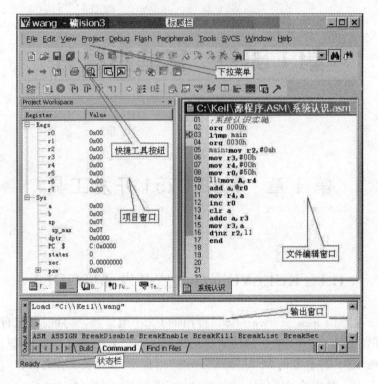

图 1-1　μVision3 主菜单窗口

μVision3 提供下拉菜单和快捷工具条按钮两种操作方式。下拉菜单提供多种选项,用户可以根据需要选用;快捷工具条按钮分为文件工具、编译工具和调试工具三组按钮,这些工具按钮实际是下拉菜单中一些选项的快捷操作方式,将鼠标放在某个工具按钮图标上稍作停留,屏幕上将自动显示该工具按钮的功能名称。许多情况下使用工具按钮比使用下拉菜单方便。

输出窗口有三个标签页:Build(创建)标签页——显示当前打开的项目、文件的编译和链接的提示信息等;Command(命令)标签页——显示在调试状态下系统命令的执行结果;Find in File(文件查找)标签页——显示多个文件的查找结果。

状态栏用于显示对快捷工具条按钮的简要说明和文件编辑窗口中当前光标所在的行号和列号等信息。

1.1.2　μVision3 菜单条、工具条和快捷键

μVision3 下拉菜单选项提供了 Cx51 的全部操作命令,用户可以根据需要选用。下拉菜单有"File""Edit""View""Project""Debug""Flash""Peripherals""Tools""SVCS""Windows"和"Help"等 11 个菜单条,下拉菜单中选项命令也可以通过快捷工具条按钮实现。表 1-1~表 1-11 列出了μVision3 各菜单项命令、工具条图标、默认的快捷键以及功能描述,这些内容能够帮助用户快速掌握μVision3 的基本操作。

1. "File"菜单

表 1-1 "File"菜单项命令、工具条、快捷键及描述

菜单选项	工具条	快捷键	功能描述
New		Ctrl+N	创建新文件
Open		Ctrl+O	打开已经存在的文件
Close			关闭当前文件
Save		Ctrl+S	保存当前文件
Save as			另外取名存为
Save all			保存所有文件
Devise Database			维护器件库
License Management			许可证管理
Print Setup…			设置打印机
Print		Ctrl+P	打印当前文件
Print Preview			打印预览
1~9			打开最近用过的文件
Exit			退出 μVision3，提示是否保存文件

2. "Edit"菜单

表 1-2 "Edit"菜单项命令、工具条、快捷键及描述

菜单项	工具条	快捷键	功能描述
Undo		Ctrl+Z	取消上次操作
Redo		Ctrl+Shift+Z	重复上次操作
Cut		Ctrl+X Ctrl+Y	剪切所选文本
Copy		Ctrl+C	复制所选文本
Paste		Ctrl+V	粘贴
Indent Selected Text			所选文本右移一个制表健的距离
Unindent Selected Text			所选文本左移一个制表健的距离
Toggle Bookmark		Ctrl+F2	设置/取消当前行的标签

(续表)

菜单项	工具条	快捷键	功能描述
Goto Next Bookmark		F2	移动光标到下一个标签处
Goto Previous Bookmark		Shift+F2	移动光标到上一个标签处
Clear ALL Bookmark			清除当前文件的所有标签
Find		Ctrl+F	在当前位置中查找字符串
Replace		Ctrl+H	替换特定的字符
Find in Files…		Ctrl+Shift+F	在多个文件中查找
Incremental Find		Ctrl+I	增量查找
Outlining			概述
Advanced			高级
Configuration			配置

3. "View"菜单

表 1-3 "View"菜单项命令、工具条及描述

菜单项	工具栏	功能描述
Status Bar		显示/隐藏状态条
File Toolbar		显示/隐藏文件菜单条
Build Toolbar		显示/隐藏编译菜单条
Debug Toolbar		显示/隐藏调试菜单条
Project Windows		显示/隐藏项目窗口
Output Windows		显示/隐藏输出窗口
Source Browser		打开资源浏览器
Disassembly Window		显示/隐藏反汇编窗口
Watch & Call Stack Window		显示/隐藏观察和堆栈窗口
Memory Window		显示/隐藏存储器窗口
Code Coverage Window		显示/隐藏代码报告
Performance Snalyzer Window		显示/隐藏性能分析窗口

（续表）

菜单项	工具栏	功能描述
Logic Analyzer Window		显示/隐藏逻辑分析窗口
Symbol Window		显示/隐藏字符变量窗口
Serial Window # 1		显示/隐藏串口 1 的观察窗口
Serial Window # 2		显示/隐藏串口 2 的观察窗口
Serial Window # 3		显示/隐藏串口 3 的观察窗口
Toolbox		显示/隐藏自定义工具条
Periodic Window Update		程序运行时刷新调试窗口
Include File Dependencies		显示/隐藏使用的相关文件

4. "Project"菜单

表 1－4　"Project"菜单项命令、工具条及描述

菜单项	工具条	功能描述
New Project…		创建一个新项目文件
Import μVision3 Project…		导入 μVision3 环境下的项目文件
Open Project…		打开一个已经存在的项目文件
Close Project…		关闭当前的项目文件
Components，Environment，Books		
Select Device for Target		为当前项目的目标选择 CPU
Remove Item		从当前项目中移走一个组以及其中的所有文件
Options for Target		设置当前项目目标、文件组或源文件工具选项
Build Target		编译连接源文件并生成应用
Rebuild Target		重新编译所有的文件并生成应用
Translate…		转换当前源文件
Stop Build		停止生成应用的过程
1～10		打开最近用过的项目

5."Debug"菜单

表 1-5 "Debug"菜单项命令、工具条、快捷键及描述

菜单项	工具条	快捷键	功能描述
Start/Stop Debugging Session		Ctrl+F5	开始/停止调试模式
Run		F5	运行程序,直到遇到一个中断
Step		F11	单步执行程序,遇到子程序进入
Step Over		F10	单步执行程序,跳过子程序
Step Out of current Function		Ctrl+F11	执行到当前函数结束
Run to Cursor line		Ctrl+F10	运行程序至光标线
Stop Running			停止程序运行
Breakpoints		Ctrl+B	打开断点对话框
Insert/Remove Breakpoint		F9	设置/取消当前行的断点
Enable/Disable Breakpoint		Ctrl+F9	允许/禁止当前行的断电
Disable All Breakpoints			禁止所有的断点
Kill All Breakpoints		Ctrl+Shift+F9	取消所有的断点
Show Next Statement			显示下一条指令
Debug Settings			调试设置
Enable/Disable Trace Recording			允许/禁止程序运行轨迹标志
View Trace Records		Ctrl+T	显示程序运行过的指令
Execution Profiling			执行界面
Setup Logic Analyzer			运行逻辑分析窗口
Memory Map			打开存储器空间配置对话框
Performance Analyzer			打开设置性能分析窗口
Inline Analyzer			对某一个行重新汇编, 可以修改汇编代码
Function Editor(Open in File)			编辑调试函数和调试配置文件

6. "Flash"菜单

表 1-6 "Flash"菜单项命令、工具条及描述

菜单项	工具条	功能描述
Download	LOAD	将程序下载入 Flash
Erase		擦除 Flash 中的内容
Configure Flash Tools		配置 Flash 工具条

7. "Peripherals"菜单

表 1-7 "Peripherals"菜单项命令、工具条及描述

菜单项	工具条	功能描述
Reset CPU	RST	对模拟仿真的单片机复位

8. "Tools"菜单

表 1-8 "Tools"菜单项命令及描述

菜单项	功能描述
Setup PC-lint…	设置 Gimpel Software 公司的 PC-Lint 软件
Lint	用 PC-Lint 处理当前编辑的文件
Lint All C-Source File	用 PC-Lint 处理项目中所有的 C 源代码文件
Customize Tools Menu…	添加用户程序到工具菜单中

9. "SVCS"菜单

表 1-9 "SVCS"菜单项命令及描述

菜单项	功能描述
Configure Version Control…	配置软件版本控制系统的命令

10. "Window"菜单

表 1-10 "Window"菜单项命令、工具条及描述

菜单项	工具条	功能描述
Cascade		将打开的多个编辑串口按层叠的方式显示
Tile Horizontally		将打开的多个编辑串口按水平平铺的方式显示
Tile Vertically		将打开的多个编辑串口按垂直平铺的方式显示
Arrange Icons		图标排列

（续表）

菜单项	工具条	功能描述
Split		分割当前的文件编辑窗口
Close ALL		将所有打开的多个编辑窗口全部关闭
1～10		最近打开的编辑窗口

11. "Help"菜单

表 1-11 "Help"菜单项命令及描述

菜单项	功能描述
μVision3 Help	打开帮助主题窗口
Open Books Windows	打开项目窗口"Books"标签页
Simulated Peripherals for…	查看能够仿真的单片机集成外围电路
Internet Support Knowledegebase	通过 Internet 连接到 Keil 公司的技术支持网站，查找技术资料
Contact Support	联系支持
Check for Update	检查更新
Tip of the day…	每日提示
About μVision3…	显示版本信息和许可证信息

1.2　在μVision3平台上建立应用

采用 Keil Cx51 开发单片机应用程序一般需要以下步骤：

（1）在μVision3 集成开发环境中创建一个新项目文件（Project），并为该项目选定合适的单片机 CPU 器件。

（2）利用μVision3 的文件编辑器编写 C 语言（或汇编语言）源程序文件，并将文件添加到项目中去。一个项目可以包含多个文件，除源程序文件外还可以有库文件或文本说明文件。

（3）通过μVision3 的各种选项，配置 C51 编译器、A51 宏汇编器、BL51 连接定位器以及Debug 调试器的功能。

（4）利用μVision3 的构造（Build）功能对项目中的源程序文件进行编译连接，生成绝对目标代码和可选的 HEX 文件。如果出现编译连接错误则返回第（2）步，修改源程序中的错误后重新构造整个项目。

（5）将没有错误的绝对目标代码装入μVision3 调试器进行仿真调试，调试成功后将HEX 文件写入单片机应用系统的 EPROM 中。

1.2.1　创建项目

μVision3 具有强大的项目管理功能,一个项目由源程序文件、开发工具选项以及编程说明三部分组成。通过目标创建(Build Target)选项很容易实现对一个μVision3 项目进行完整的编译连接,直接产生最终应用目标程序。

1. 建立一个源文件

μVision3 启动后,屏幕出现如图 1-2 所示主窗口界面。

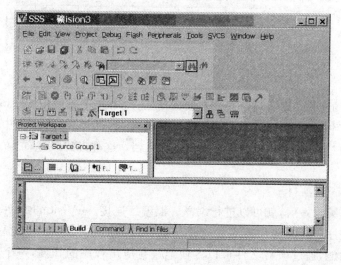

图 1-2　Keil μVision3 主窗口

μVision3 提供下拉菜单和快捷工具按钮两种操作方式。新建一个源程序文件,可以通过点击快捷工具按钮图标, 也可以通过单击菜单"File"→"New"选项。这两种创建方式都可以在项目窗口的右侧打开一个新的文本窗口即 Text1 源文件编辑窗口,如图 1-3 所示。

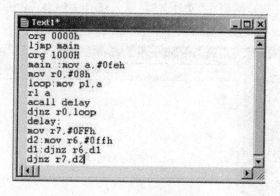

图 1-3　Text1 源文件编辑窗口

在该窗口中可进行源程序文件的编辑,还可以从键盘输入 C 源程序、汇编源程序和混合语言源程序,源程序输入完毕,保存文件。点击菜单"File"→"Save as"选项或点击快捷工具按钮图标 , 出现如图 1-4 所示"Save as"(保存源程序文件)对话框,源程序文件保存时必须加上扩展名(＊.c;＊.h;＊.a＊;＊.inc;＊.txt),点击"保存"按钮保存文件,这里源程序文件保存为 Text1.a 文件(汇编源程序文件)。

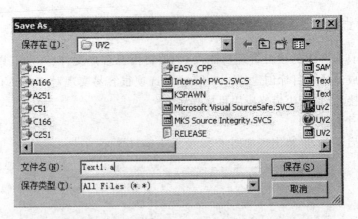

图 1-4 "Save as"对话框

需要说明的是,源程序文件就是一般的文本文件,不一定要使用μVision3 编辑器编写,可以使用任何文本编辑软件编写,可把源文件包括 Microsoft Word 文件中的源文件复制到μVision3 文件窗口中,使 Word 文档变为 TXT 文档。这种方法最好,可方便对源文件输入中文注释。

2. 创建一个项目

源程序文件编辑好后,就可以进行编译、汇编、连接。μVision3 软件只能对项目而不能对单一的源程序进行编译、汇编、连接等操作。μVision3 集成环境提供了强大的项目(Project)管理功能,通过项目文件可以方便地进行应用程序的开发,一个项目中可以包含各种文件,如源程序文件、头文件、说明文件等。因此,当源程序文件编辑好后,要为源程序建立项目文件。

以下是新建一个项目文件的操作:单击鼠标左键"Project"→"New Project"选项,屏幕弹出如图 1-5 所示"Create New Project"(创建新项目)对话框,先选定希望保存项目的路径(这里设定为 C:\Keil\),然后在"文件名"栏输入项目文件名(如 max,不需要扩展名),单击"保存"按钮后,新项目文件名保存完毕。

图 1-5 "Create New Project"对话框

新项目文件名保存完毕后，系统随即弹出如图 1-6 所示 CPU 器件数据库选择窗口。该窗口用于为新建项目选择单片机型号，μVision3 系统支持大部分 51 系列单片机型，从窗口左边 μVision3 提供的器件数据库中选定单片机器件产商和单片机型号。例如，选 Atmel 公司的 AT89C51 单片机芯片，窗口右边将显示选定单片机的简单性能描述，点击"确定"按钮，完成新建项目文件操作。

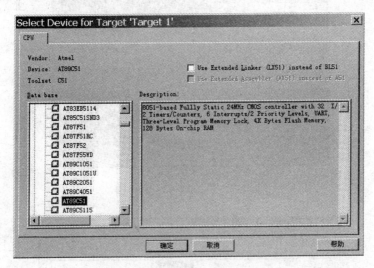

图 1-6　CPU 器件数据库选择窗口

　　创建的新项目中自动包含一个默认的目标（Target1）和文件组（Source Group1），用户可以根据需要进行调整。项目中的目标名、组名以及文件名都显示在 μVision3 菜单中的"Project Workspace"标签栏中，如图 1-7 所示。

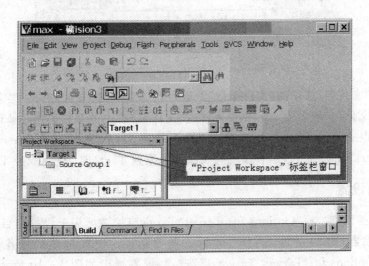

图 1-7　"Project Workspace"标签栏窗口

　　新项目创建完成后，可将源程序文件（Text1.a）加入项目文件组（Source Group1）中。具体操作步骤是：将鼠标指向"Source Group1"文件组并单击右键，弹出如图 1-8 所示项目文件组快捷菜单。用左键单击快捷菜单中的"Add Files to Group 'Source Group1'"选项，弹出如图1-9所示"Add Files to Group 'Source Group1'"(添加源程序文件)对话框,通过"查找范围"栏找到源程序文件所在的路径,在"文件名"栏中键入希望加入的文件名(Text1.a),点击"Add"按钮,即可将源程序文件加入当前项目指定的文件组中。添加结束时点击"Close"按钮关闭该窗口。

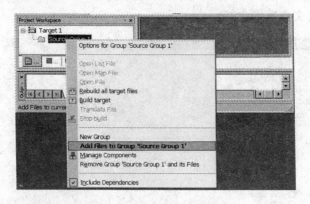

图1-8 项目文件组快捷菜单

图1-9 "Add file to Group 'Source Group1'"对话框

该对话框"文件名"栏中的"文件类型"默认为C源程序(扩展名为.c),若新建源程序文件是汇编语言文件(扩展名为.a),则需要修改"文件名"栏中的文件类型。修改文件类型的操作步骤是:点击对话框中"文件类型"的下拉列表,找到并选中"Asm Source File(*.s*;*.scr;*.a*)"选项,在文件列表窗口中找到Text1.a文件,双击Text1.a即可。

1.2.2 项目设置

"Project"菜单第二栏"Options for Target'Target 1'"选项用于设置项目的Cx51编译器、A51宏汇编器、BL51定位器、Debug调试器等功能。设置选项的操作步骤是:单击"Project"→"Options for Target'Target 1'"选项,屏幕弹出如图1-10所示"Options for Target'Target 1'"窗口。这是一个十分重要的窗口,包括"Device""Target""Output""Listing""C51""A51""BL51""Locate""BL51 Misc""Debug"等多个标签页功能设置,其中许多标签页功能设置直接用默认值,必要时也可进行适当调整。这里主要介绍"Device""Output""Debug"标签页功能设置。

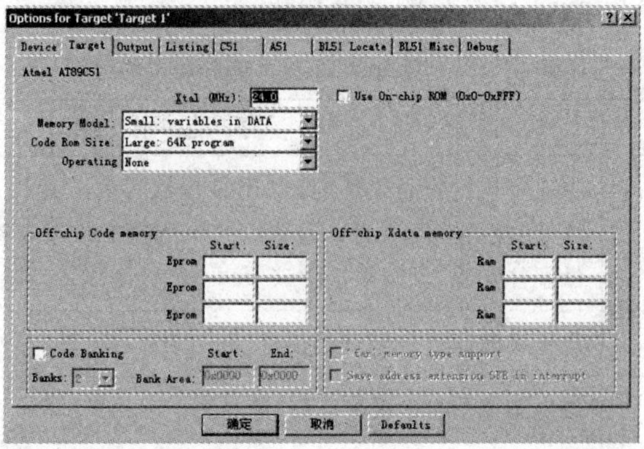

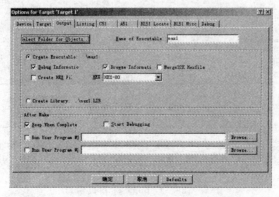

图 1 - 10　"Options for Target'Target 1'"选项窗口

表 1 - 12 描述了"Device"标签页的部分功能。

表 1 - 12　"Device"标签页部分功能描述

"Device"选项	功　能　描　述
Use On-chip ROM	确认是否仅使用单片机片内的 ROM
Code Model Size	设置 ROM 空间
Xtal	设置模拟仿真时单片机的晶振频率
Memory Model	设置编译器的模式。对于一个新的应用,默认的是 SMALL 模式
Off-chip xData memory	设置单片机扩展外部 RAM 空间和地址范围
Off-chip Code memory	设置单片机扩展外部 ROM 空间和地址范围
Code Banking	存储器分段设置,分段(Banking)参数最大值为 64
Operating	设置是否采用 RTX 实时操作系统(None、RTX - 51Tiny、RTX - 51 Full)

图 1 - 11 为"Options"选项中的"Output"标签页窗口,用于设置当前项目创建后生成的可执行代码文件输出。输出文件的文件名默认值为当前项目文件名,存放在当前项目文件所在的目录路径中。

图 1 - 11　"Output"标签页窗口

表 1-13 描述了"Output"标签页的部分功能。

表 1-13 "Output"标签页部分功能描述

"Output"选项	功 能 描 述
Creat Hex File	生成可执行代码文件(可以用编程器写入单片机芯片的 HEX 格式文件,文件的扩展名为 .HEX),默认情况下该项未被选中。如果要写片做硬件实验,就必须选中该项
Debug Information	产生对程序进行调试的信息
Browse Information	产生浏览信息,取默认值
Name of Executable	指定最终生成的目标文件的名字,默认值与项目文件名相同。这项一般不要更改
Select Folder for Objects	设置存放最终目标文件所在的路径,默认值与项目文件路径相同。这项一般不要更改

图 1-12 为"Options"选项中的"Debug"标签页窗口,用于设定 μVision3 调试器的一些选项。μVision3 系统中集成了一种新型用户程序调试器(Debug),它可以对用户源程序经编译、链接生成的可执行代码进行两种仿真方式调试,即软件模拟仿真调试方式和硬件目标板在线仿真调试方式。软件模拟仿真调试是在 PC 机上完成对 8051 单片机各种片内资源的调试,不需要单片机硬件,调试结果可以通过 μVision3 的寄存器窗口、串行窗口、观察窗口、存储器窗口及其他一些功能窗口直接输出,其优点是不言而喻的,缺点是不能观察到实际硬件的动作。Keil 公司还提供了一种目标监控程序 MONIYOR51,通过它可以实现 μVision3 与用户目标硬件系统相连接,进行目标硬件在线仿真调试。这种方法可以立刻观察到目标硬件的实际动作,特别有利于分析和排除各种硬件故障。通常可以先对用户程序

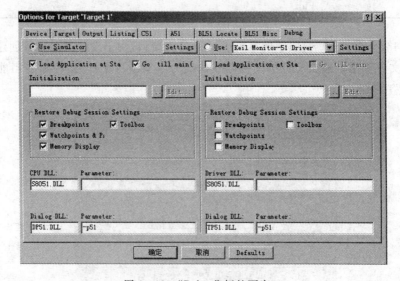

图 1-12 "Debug"标签页窗口

进行软件模拟仿真,排除一般故障,然后再进行目标硬件仿真调试。进行软件模拟仿真时选择"Debug"标签页中的"Use Simulator"圆形单选框,进行目标硬件仿真调试时选择"Use Keil Monitor－51 Driver"圆形单选框。

在"Options for Target 'Target 1'"窗口的所有标签页中都有一个"Default"按钮,其功能是设定各种默认命令选项,初次使用时可以直接选用默认值,待熟悉后再进一步采用其他选项。选项的"Listing""C51""A51""BL51 Locate""BL51 Misc"等标签页均取默认值设置,不做任何修改。设置完成后按"确定"按钮返回主界面。至此,项目文件建立、设置完毕。

1.2.3　项目编译、链接

完成项目设置之后,即可对当前项目中的源程序文件进行整体创建(Build target),即对项目中所有源程序进行编译、链接。其操作步骤是:将鼠标指向"Project"项目菜单,屏幕弹出"Project"项目快捷菜单如图 1－13 所示,单击第三栏"Build target"选项,μVision3 将自动完成对当前项目中所有源程序文件的编译、链接。上述操作也可以通过点击图 1－13 左上方工具栏按钮图标 直接进行。

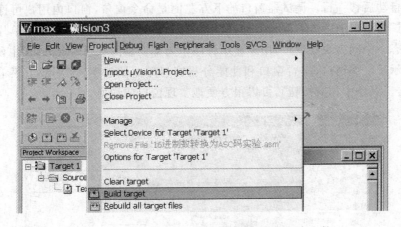

图 1－13　"Build target"选项编译、链接源程序文件

如果源程序中没有语法错误,μVision3 在屏幕左下方"Output Window"输出窗口显示信息提示编译、链接成功,生成绝对目标代码文件。如图 1－14 所示,如果源程序中出现语法错误,"Output Window"窗口也将显示出错提示信息,将鼠标指向窗口内的提示信息处双击左键,光标会自动跳到编辑窗口源程序出错位置,用户可以修改源程序。

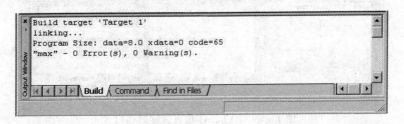

图 1－14　"Output Window"输出窗口

1.3 程序调试

1.3.1 常用调试命令

μVision3 中集成了功能强大的仿真调试器"Debug",它可以进行软件模拟仿真和硬件目标板在线仿真。下面简单介绍"Debug"窗口的部分功能和操作。单击菜单"Debug"→"Start/Stop Debug Session"选项或单击工具栏按钮 即可启动调试器开始调试,μVision3在启动调试器时自动装入用户程序。

μVision3 调试器窗口如图 1-15 所示。调试器窗口的左边为"Register"寄存器标签页窗口,窗口内显示程序调试过程中单片机内部工作寄存器 $R_0 \sim R_7$、累加器 A、堆栈指针 SP、数据指针 DPTR、程序计数器 PC 以及程序状态字 PSW 等寄存器的当前值。右边的主调试窗口显示用户源程序,窗口左边的小箭头指向程序中当前执行的语句。程序每执行一条语句小箭头会自动后移一行。调试器窗口的下方左侧是命令窗口,窗口内用户可键入各种调试命令。调试器窗口的下方右侧是存储器窗口,窗口内显示程序调试过程中单片机中各类存储器的状态。中间为观察窗口,用于显示程序中局部变量的状态。此外,在主调试窗口位置还可以显示反汇编窗口、串行窗口和性能分析窗口等。通过单击"View"菜单中的相应选项(或单击工具条中相应按钮),可以很方便地实现窗口的切换。

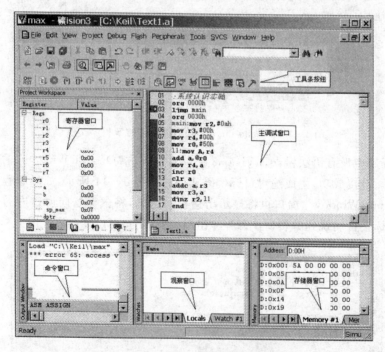

图 1-15 μVision3 仿真调试器窗口

图 1-16 为模拟调试器窗口的工具栏快捷按钮。工具栏快捷按钮的功能对应"Debug"下拉菜单上的大部分命令选项,从左到右依次是:复位、运行、暂停、单步、过程单步、执行完

当前子程序、运行到当前行、下一状态、打开跟踪、反汇编窗口、观察窗口、代码作用范围分析、1♯ 串行窗口、存储器窗口、性能分析窗口、工具按钮等。

图 1-16　μVision3 调试工具按钮

在仿真调试状态,单击选择"Debug"菜单"Run"选项,启动用户程序全速运行,其输出窗口如图 1-17 所示。

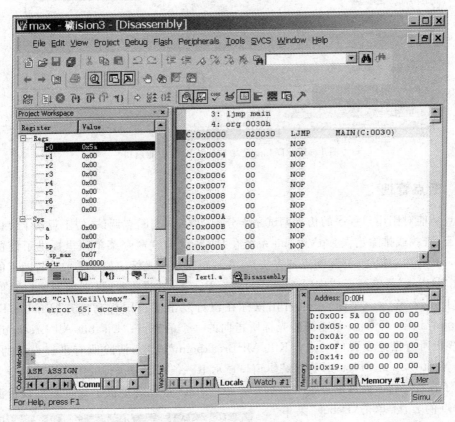

图 1-17　用户程序运行输出窗口

1.3.2　在线汇编

在进入 Keil 的调试环境以后,如果发现程序有错误,可以直接对源程序进行修改,但要使修改后的代码起作用,则必须先退出调试环境,重新进行编译、链接后再次进入调试。这个过程有些麻烦,为此,μVision3 系统提供了在线汇编的功能。其操作是:将光标定位于需要修改的程序语句行上,用"Debug"菜单"Inline Assembly"选项,即可出现的"Inline Assember"的标签页窗口;在"Enter New Instruction"编辑框内直接键入需要更改的程序语句,回车后系统将自动指向源程序的下一条语句继续修改;修改结束时,可以点击窗口右上角的关闭按钮关闭窗口。在线汇编操作窗口如图 1-18 所示。

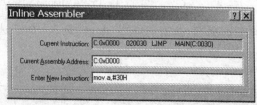

图 1-18　Debug 菜单在线汇编的功能窗口

1.3.3　断点管理

断点功能对于用户程序的仿真调试是十分重要的,利用断点调试,便于观察了解程序的运行状态,查找或排除错误。μVision3 系统在"Debug"调试命令菜单项里提供了设置断点的功能。在程序中设置、移除断点的方法是:在编辑窗口将光标定位于需要设置断点的程序行,单击"Debug"菜单第三栏中"Insert/Remove Breakpoint"选项,可在编辑窗口当前光标所在行上设置/移除一个断点(也可用鼠标在该行双击实现同样功能);"Enable/Disable Breakpoint"选项,可激活/禁止当前光标所指向的一个的断点;"Disable All Breakpoint"选项,将禁止所有已经设置的断点;"Kill All Breakpoint"选项,清除所有已经设置的断点;"Show Next Statement"选项,将在编辑窗口显示下一条将要被执行的用户程序指令。

除了在程序行上设置断点这一基本方法,μVision3 系统还提供了通过断点设置窗口来设置断点的方法:单击"Debug"菜单"Breakpoints"选项,将弹出如图 1-19 所示的断点设置对话框窗口。该对话框窗口可以对断点进行以下设置:窗口中"Current Breakpoints"栏显示当前已经设置的断点列表;"Expression"栏输入断点表达式,该表达式确定程序停止运行的条件;"Count"栏输入断点通过的次数;"Command"栏中可以输入当程序执行到断点时需要执行的命令。

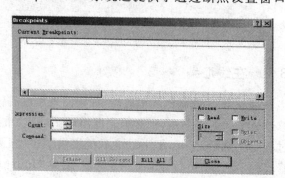

图 1-19　断点设置对话框窗口

1.4　μVision3 的模拟仿真调试窗口

μVision3 系统对程序进行调试时提供了多个模拟仿真窗口，主要包括主调试窗口、输出窗口

图 1-20　调试状态下的
View 菜单

（Output Window）、观察窗口（Watch&Call Stack Window）、存储器窗口（Memory Window）、反汇编窗口（Disassembly Window）、串行窗口（Serial Window）等。进入调试模式后，通过单击"View"菜单选项（或单击工具条中相应的按钮），可以很方便地实现窗口的切换。Debug 状态下的"View"菜单如图 1-20 所示。

"View"菜单第一栏用于快捷工具条按钮的显示/隐藏切换功能。"Status Bar"选项为状态栏；"File Toolbar"选项为文件工具条按钮；"Build Toolbar"选项为编译工具条按钮；"Debug Toolbar"选项为调试工具条按钮。

第二栏用于 μVision3 中各种窗口的显示/隐藏切换。View 菜单最后一栏有两个选项，选项"Workbook Mode"用于将主窗口按书签方式显示，选项"Options"用于设置 μVision3 的内部编辑器、显示字体与颜色，以及进行快捷键定义。

下面分别介绍存储器窗口（Memory Window）、观察窗口（Watch&Call Stack Window）、输出窗口（Output Window）、反汇编窗口（Disassembly Window）、串行窗口（Serial Window）等窗口的功能。

1.4.1　存储器窗口

"View"菜单的"Memory Windows"选项功能为存储器窗口的显示/隐藏切换。存储器窗口内显示程序调试过程中单片机各存储器的当前内容，窗口上方"Address"栏是编辑框，在栏中键入存储器类型和地址（"字母:数字"）后，窗口中将立即显示对应存储空间的内容，其中字母的含义为存储器类型，为 C、D、I、X，分别代表 ROM 存储器、直接寻址的片内 RAM 存储器、间接寻址的片内 RAM 存储器、扩展的外部 RAM 存储器；数字的含义为要查看的存储器地址值，例如：键入"C:0"，可查看到地址 0 开始的 ROM 存储器的内容，即查看程序的二进制代码，如图 1-21 所示。

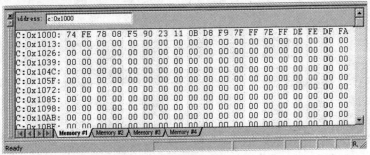

图 1-21　ROM 存储器窗口

存储器单元的内容可以是十进制、十六进制、字符型等多种格式。改变显示格式的方法是:将鼠标指向存储器窗口要修改的地址处,点击鼠标右键,屏幕弹出如图 1-22 所示的快捷菜单,快捷菜单中各选项的含义如下:

Decimal——以十进制形式显示;

Unsigned——以无符号数形式显示;

Signed——以带符号数形式显示;

Ascii—— 以字符形式显示;

Float——以单精度浮点数形式显示;

Double——以双精度浮点数形式显示。

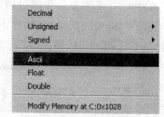

图 1-22　存储器窗口
右键菜单

这两项后分别有三个选项:Char、Int、Long,其含义依次为单字节方式显示、相邻双字节组成整数方式显示、相邻四字节组成长整数方式显示。有关数据规则与 C 语言相同,请参考 C 语言书籍。

右键菜单最后一个选项为 Modify Memory at X:xx,用于修改指定内存单元内容。修改方法是:将鼠标指向希望修改的存储单元地址,如 C:0x1028,再单击该选项,即弹出如图 1-23 所示的数据修改对话框窗口;在对话框内键入要修改的内

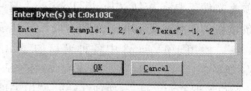

图 1-23　数据修改对话框窗口

容,单击"OK"按钮,新键入的内容将取代原来存储单元的内容。

1.4.2　观察窗口

点击工具栏上的快捷按钮可打开观察窗口,观察窗口共有四个标签页,分别是局部变量"Locals"、观察 1"Watch♯1"、观察 2"Watch♯2"以及调用堆栈"Call Stack"标签页,如图 1-24 所示。

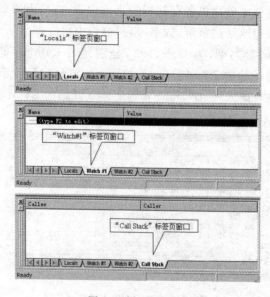

图 1-24　观察窗口

观察窗口（Watch&Call Stack Window）是调试程序中的一个重要窗口。在项目窗口（Project Window）中，只能观察到程序执行中工作寄存器和 A、B、DPTR 等专用寄存器的内容，若要观察其他专用寄存器的内容或在高级语言程序调试时直接观察变量值，就要借助观察窗口。"Locals"标签页，显示用户调用程序的过程中当前局部变量的使用情况。"Watch#1"标签页，显示用户程序中已经设置了的观察点在调试过程中的当前值。在"Locals"栏和"Watch#1"栏中单击鼠标右键可改变局部变量或观察点的值，按十六进制（Hex）或十进制（Decimal）方式显示。"Call Stack"标签页，显示程序执行过程中对子程序的调用情况。另外，单击"View"菜单"Periodic Window Updata"周期更新选项，可以在用户程序全速运行时动态地观察程序中相关变量的变化值。

1.4.3　项目窗口寄存器页

项目窗口（Project Workspace）在仿真调试状态下自动转换到"Register"标签页窗口，在该窗口显示单片机内部工作寄存器组（$R_0 \sim R_7$）、累加器（A）、堆栈指针（SP）、数据指针（DPTR）、程序计数器（PC）以及程序状态字寄存器（PSW）的当前值。在程序调试中，当指令执行到对某个寄存器的操作时，该寄存器会以反色（蓝底白字）显示；用鼠标左键单击窗口某个寄存器栏然后按 F2 键，可在线修改该寄存器的内容。图 1-25 是"Register"标签页窗口的内容。

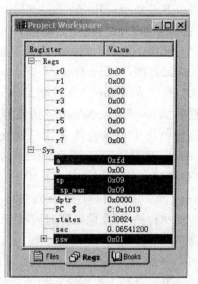

图 1-25　"Register"
标签页窗口

1.4.4　反汇编窗口

在调试器状态下选中"View"菜单的"Disassembly Window"选项或单击调试工具条上的![icon]快捷图标按钮，可打开如图 1-26 所示的反汇编标签页窗口，该窗口显示已装入 μVision3 的用户程序汇编语言指令、反汇编代码及其地址。当采用单步或断点方式运行程

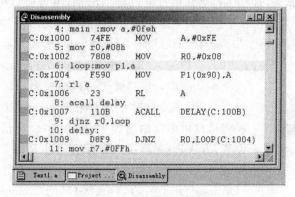

图 1-26　反汇编标签页窗口

序时,反汇编窗口的显示内容会随指令的执行而滚动。反汇编窗口也可以使用右键功能,方法是:将鼠标指向反汇编窗口并单击右键,可弹出如图1-27所示的右键菜单窗口。该窗口第一栏中的选项用于选择窗口内反汇编内容的显示方式,其中"Mixed Mode"选项为采用高级语言与汇编语言混合方式显示;"Assembly Mode"选项是采用汇编语言方式显示;"Inline Assembly …"选项为程序调试中"在线汇编"方式,用户可以使用窗口跟踪已执行的代码。右键窗口第二栏的"Address Range"选项显示用户程序的地址范围;"Load Hex or Object file …"选项为重新装入"Hex"或"Object"文件到μVision3中调试。窗口第三栏的"View Trace Records"选项为在反汇编窗口显示指令执行的历史记录。该选项只有在该栏中另一个选项"Enable/Disable Trace Recording"被选中,并已经执行过

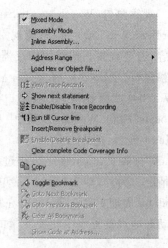

图1-27 反汇编右键菜单窗口

用户程序指令的情况下才起作用。"Show next statement"选项显示下一条指令。"Run to Cursor line"选项将程序执行到当前光标所在的那一行;"Insert/Remove Breakpoint"选项为程序执行插入/删除操作时的断点;"Enable/Disable Breakpoint"选项可以对选定断点进行激活/禁止操作;"Clear complete Code Coverage Info"选项为清零代码覆盖信息。右键窗口第四栏的"Copy"选项为复制反汇编窗口中的内容。最后一栏的"Show Code at Address …"选项为显示指定地址处的用户程序代码。

1.4.5 串行窗口

View菜单的"Serial Window ♯1"第三栏和"Serial Window ♯2"选项用于串行窗口UART♯0和串行窗口UART♯1的显示/隐藏切换,选中该项弹出串行窗口。串行窗口在进行用户程序调试时十分有用,如果用户程序中调用了C51的库函数scanf()和printf(),则必须利用串行窗口来完成scanf()函数的输入操作,printf()函数的输出结果也将显示在串行窗口中。利用串行窗口可以在用户程序仿真调试过程中实现人机交互对话,可以直接在串行窗口中键入字符,该字符不会被显示出来,但却能传递到仿真CPU中,如果仿真CPU通过串口发送字符,那么,这些字符会在串行窗口显示出来,串行窗口可以在没有硬件的情况下用键盘模拟串口通信。在串行窗口中单击鼠标右键,将弹出一个如图1-28所示的显示方式选择菜单,可按需要将窗口内容以"Hex"或"Ascii Mode"格式显示,也可以随时清除显示内容。串行窗口中可保持近8KB串行输入/输出数据,并可进行滚动显示。

Keil的串行窗口除了可以模拟串行口的输入和输出外,还可以与PC机上实际的串口相连,接收PC机串口输出的内容和将信息由串口输出到PC机。串口通信需要在Keil中进行设置,方法是:先将用户目标板通过RS-232与PC机连接,然后设置硬件实时仿真调试选项。即点击"Project"菜单"Options for Target'Target 1'"的"Debug"选项,在"Debug"标签页中选定硬件实时仿真调试方式("Keil Monitor-51

图1-28 显示方式选择菜单

Drive"),按"确定"按钮退出。

1.4.6 通过"Peripherals"菜单观察仿真结果

μVision3 系统通过内部器件库实现了对各种单片机外围接口功能的模拟仿真功能。在仿真调试状态下通过"Peripherals"下拉菜单中的各选项直接观察单片机的定时器、中断、并行端口、串行端口等常用外围接口的仿真结果。"Peripherals"下拉菜单如图 1-29 所示。该下拉菜单的内容与建立项目时所选的 CPU 器件有关,如果选择的是 89C51 这一类"标准"的 51 机,则有"Interrupt"(中断)、"I/O-Ports"(并口)、"Serial"(串口)、"Timer"(定时/计数器)这四个外围接口选项,点击对应的菜单选项,系统则弹出对应的接口在当前状态窗口和单片机中对应的特殊功能寄存器各标志位的当前值。

单击"Peripherals"菜单第一栏"Reset CPU"选项可以对模拟仿真的 8051 单片机进行复位。

"Peripherals"菜单第二栏中"I/O-Ports"选项用于仿真 8051 单片机的并口 $Port_0 \sim Port_3$,选中"$Port_1$"后将弹出如图 1-30 所示的"$Port_1$"仿真窗口,其中"P1"栏显示 8051 单片机 P_1 口锁存器状态,"Pins"栏显示 $P_{1.0} \sim P_{1.7}$ 各引脚状态。

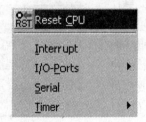

图 1-29 "Peripherals"下拉菜单

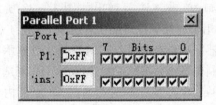

图 1-30 "$Port_1$"仿真窗口

下面通过一个简单的例子看一看外围设备并行端口的窗口使用。

【例】

```
        ORG 0000H
        LJMP MAIN
        ORG 0030H
MAIN:MOV A,#0FEH
        MOV R₀,#08H
LOOP:MOV P₁,A,
        RL  A
        DJNZ R₀,LOOP
        END
```

在项目窗口编辑上述汇编源程序,编译链接进入调试状态,点击"View"菜单"Periodic Window Updata"选项,同时点击"Peripherails"菜单"I/O-Ports"选项打开窗口,全速运行程序,可以在"Port 1"窗口中观察到程序执行时 P_1 端口各位的变化情况。

"Peripherals"菜单最后一栏"Timer"选项用于仿真 8051 单片机内部定时/计数器,选中其中的"$Timer_0$"后则会弹出如图 1-31 所示的"$Timer_0$"窗口。

窗口中"Mode"栏可以选择 4 种工作方式以及定时/计数方式,单击"Mode"栏的下拉列表很容易实现选择。图 1-31所示为选择方式 0(13 位定时器工作方式)。选定工作方式后,相应的特殊寄存器"TCON"和"TMOD"的控制字也显示在窗口中,可以直接写入命令字和方式字,窗口中的 TH_0 和 TL_0 项,用于显示定时/计数器 0 的定时/计数初值,"T_0Pin"和"TF_0"复选框用于显示 T_0 的外部计数输入引脚($P_{3.4}$)和定时/计数器 0 的溢出状态。窗口中的"$Counter_0$"栏显示和控制定时/计数器 0 的当前工作状态(Run 或 Stop),"TR_0"、"GATE""INT♯0"复选框是启动控制位,通过对这些状态位的置位或复位操作(选中或不选中)很容易

图 1-31 "$Timer_0$"
仿真窗口

实现对 8051 单片机内部定时/计数器的仿真。例如,单击"TR_0",启动定时/计数器 0 开始工作,这时"Status"栏中的"Stop"就变成"Run",如果全速运行程序,可观察到 TH_0、TL_0 后的值也在快速的变化,当然,由于上述源程序未对此窗口写入任何信息,所以该程序运行时不会对定时/计数器 0 的工作进行处理。

　　"Peripherals"菜单第二栏中"Serial"选项用于仿真 8051 单片机的串行口,单击该选项弹出如图 1-32 所示窗口,窗口中"Mode"栏用于选择串行口的工作方式,选定工作方式后相应的特殊寄存器"SCON"和"SBUF"的控制字也显示在窗口中。通过对特殊控制位 SM2、REN、TB8、RB8、TI、RI 复选框的置位或复位操作(选中或不选中),实现对 8051 单片机内部串口的仿真。"Baudrate"栏显示串口工作时的波特率,当 SMOD 位置位时则波特率加倍。"IRQ"栏显示串行口发送和接收中断标志。

图 1-32 "Serial"仿真窗口

　　"Peripherals"菜单第二栏中"Interrupt"选项用于仿真程序执行中 8051 单片机的中断系统状态。单击该选项弹出如图 1-33 所示窗口,窗口中为各中断源名称、中断入口地址等信息,窗口下方的"Selected Interrupt"栏为各中断允许和中断标志位的复选框,通过对这些标志位的置位或复位操作(选中或不选中),可以实现对 8051 单片机中断系统的仿真。除了 8051 几个基本的中断源以外,还可以对其他中断源如监视定时器(Watchdog Timer)等进行模拟仿真。

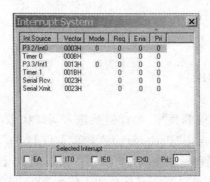

图 1-33 "Interrupt"仿真窗口

第 2 章　μVision3 平台软件仿真实验

2.1　实验注意事项

Keil μVision3 系统是目前最先进的单片机 C 语言和汇编语言程序的软件开发环境,本章内容安排了 10 个系统软件仿真实验,这 10 个实验的源程序可以是 C 语言程序(. c)也可以是汇编语言程序(. asm),本章实验的参考程序均为汇编语言程序。在进行实验之前必须详细阅读"第 1 章 Keil Cx51 开发工具"的内容,掌握μVision3 系统软件仿真平台上源程序的建立、编辑、编译、调试及仿真运行的基本操作方法。

实验步骤

(1)详细参阅"第 1 章 Keil Cx51 开发工具"的内容。

(2)将 PC 机连接好。

(3)打开 PC 机电源,运行 Keil μVision3 系统,确认 AT89C51 处于软件仿真状态。

(4)在μVision3 平台上建立、编辑、汇编、调试实验程序,观察程序仿真运行结果,排除故障,直到所有仿真结果正确为止。

2.2　实 验 项 目

实验 1　系统认识实验

1. 实验目的

(1)学习及掌握 51 系列单片机汇编语言程序的书写格式和语法规则。

(2)以示例汇编语言源程序为蓝本,学习及掌握在 Keil μVision3 平台上开发单片机应用程序的一般步骤(建立、编辑、编译、调试及仿真运行程序的过程)。

(3)学习及掌握μVision3 系统项目窗口、调试窗口和存储器窗口等常用平台的使用和操作。

(4)教育学生爱护实验装置,养成良好的实验习惯。

2. 实验设备

PC 系列微机及相关软件。

3. 实验内容及要求

(1)开启 PC 机,启动 Keil Cx51 软件进入 μVision3 集成开发环境,确认 AT89C51 处于软件仿真状态。

(2)在 μVision3 开发平台上输入示例程序:计算 N 个数求和程序。

其中,N=6,N 个数分别放在片内 RAM 区 50H～55H 单元中;求和的结果放在片内 RAM 区 03 H(高位),04 H(低位)单元中。

调试数据 2 组:①32 H+41 H+01 H+56 H+11 H+03 H ＝ ?

② 95 H+02 H+02 H+44 H+48 H+12 H ＝ ?

(3)实验示例程序:

```
        ORG   0000H
        LJMP   MAIN
        ORG   0030H
MAIN:MOV R2,♯06H
        MOV R3,♯00H
        MOV R4,♯00H
        MOV R0,♯50H
L1:     MOV  A ,R4
        ADD  A , @R0
        MOV  R4,A
        INC  R0
        CLR  A
        ADDC A , R3
        MOV  R3,A
        DJNZ R2,L1
        END
```

(4)在 μVision3 开发平台上完成程序的编辑、编译、链接。

(5)调试程序,在 μVision3 主菜单窗口进入"Debug"调试环境,打开存储器 Memory 1 窗口,在窗口"Address"栏内键入地址"D:50H";点击鼠标右键,选择"Modify Memory"选项,输入一组调试数据"32H、41H、01H、56H、11H、03H";运行程序并观察 Memory 1 窗口中的数据结果与笔算结果是否相符。

(6)输入另一组调试数据"95H、02H、02H、44H、48H、12H",重复上述实验。

(7)若程序执行出现错误,可用单步或断点分段调试,排除程序错误,直到正确为止。记下操作过程和结果。

(8)观察和记录实验结果,完成实验报告。

4. 实验预习要求

(1)详细阅读、掌握本书"第 1 章 Keil Cx51 集成开发工具(IDE)"等内容。

(2)了解本次实验的内容及步骤,以期在准备充分的情况下开始实验。

（3）实验开始前，应将预习情况告知实验指导老师，准备接受检查或提问。在实验指导老师许可后，才可开始实验。

5. 实验报告要求

（1）按实验顺序，记录实验与检查的结果。

（2）写出实验过程中所遇到的问题和解决过程，写出本次实验体会及对实验的改进意见。

实验 2　多字节十进制数加法运算实验

1. 实验目的

（1）熟悉 51 单片机运算类指令，掌握运算类指令对各状态标志位的影响及测试方法，掌握运算类指令的编程方法。

（2）掌握循环程序的设计方法。

（3）掌握μVision3 系统内部 RAM 和寄存器之间的关系。

2. 实验设备

PC 系列微机及相关软件。

3. 实验内容及要求

（1）同实验 1。

（2）设计编写多字节十进制加法程序，实现下式运算：

$$4574 + 6728 = 11302$$

要求：被加数放在片内 RAM 区 20H、21H 单元中，加数放在片内 RAM 区 30H、31H 单元中，和的结果放在片内 RAM 区 40H（高位进位）、41H（高位）、42H（低位）单元中。

（3）在μVision3 开发平台上完成程序的编辑、编译、链接。

（4）调试程序，μVision3 主菜单窗口进入"Debug"调试环境，打开存储器 Memory 1 窗口，在窗口"Address"栏内键入地址"D：20H"；点击鼠标右键，选择最后一项"Modify Memory"选项，输入被加数 74H、45H；在窗口"Address"栏内键入地址"D：30H"；点击鼠标右键，选择最后一项"Modify Memory"选项，输入加数 28H、67H；运行程序并观察 Memory 1 窗口中的数据结果与笔算结果是否相符，改变被加数和加数值，重复上述实验。

（5）若程序执行出现错误，可用单步或断点分段调试，排除程序错误直到正确为止。

（6）观察和记录实验结果，完成实验报告。

4. 实验预习要求

（1）仔细阅读实验教程第 1 章的内容，掌握μVision3 开发工具的使用。

（2）详细阅读、理解实验的内容及实验要求。

（3）复习教材中运算类的相关指令，了解 DAA 指令的使用方法。

（4）编写实验程序。

5. 实验报告要求

（1）设计说明：介绍程序的功能、结构、原理及算法。

（2）调试说明：写出上机时遇到的问题及解决办法和调试情况，观察到的现象及其分析，对程序设计技巧的总结以及程序输出结果的分析，实验的心得体会等。

（3）程序框图。

（4）程序清单。

实验 3　查 表 实 验

1. 实验目的

（1）学习并掌握 51 单片机查表指令"@A＋PC"和"@A＋DPTR"的使用方法。

（2）学习并掌握查表程序的设计方法。

（3）学习并掌握 51 单片机数据地址定义伪指令的功能及应用。

（4）逐步提高在μVision3 开发平台上的操作能力和调试程序的能力。

2. 实验设备

PC 系列微机及相关软件。

3. 实验内容及要求

（1）同实验 1。

（2）设计编写程序，实现用查表方式将片内 RAM 中一组 16 进制数组 Hex(00H～0FH)转换为 ASCII 码并存入片内 RAM 数组 Asc 中。

　　要求：ASCII 码表存放在内部 ROM 中；

　　　　　寄存器 R_0 为片内 RAM Hex 数组指针；

　　　　　寄存器 R_1 为片内 RAM Asc 数组指针；

　　　　　数据块长度放在寄存器 R_2 中。

　　　　　分别写出用"@A＋PC"和"@A＋DPTR"指令的查表程序。

（3）在μVision3 开发平台上完成程序的编辑、编译、链接。

（4）调试程序，在μVision3 主菜单窗口进入"Debug"调试环境，打开存储器 Memory 1 窗口，在窗口"Address"栏内键入"C：XXH"，观察程序中建立的 ASCII 码表。

（5）调试程序，在μVision3 主菜单窗口进入"Debug"调试环境，打开存储器 Memory 2 窗口，在窗口"Address"栏内键入"D：XXH"；点击鼠标右键，选择"Modify Memory"选项，输入 Hex 数组元素"0H,1H,…,0FH"；运行程序并观察 Memory 1 窗口中的数据是否完成了转换。

"@A＋PC"查表指令的地址修正值可从反汇编窗口通过计算获得，之后将其写入程序的加法指令中,再重新汇编程序。

(6)若程序执行出现错误,可用单步或断点分段调试,排除程序错误直到正确为止。

(7)观察和记录实验结果,完成实验报告。

4. 实验预习要求

(1)阅读实验教程第 1 章的内容,掌握μVision3 开发工具的使用。

(2)详细阅读、理解实验的内容及实验要求。

(3)复习教材中 2 条查表指令的使用方法。

(4)设计、编写源程序。

5. 实验报告要求

(1)设计说明:介绍程序的功能、结构、原理及算法。

(2)调试说明:写出上机时遇到的问题及解决办法和调试情况,观察到的现象及其分析,对程序设计技巧的总结以及程序输出结果的分析,实验的心得体会等。

(3)程序框图。

(4)程序清单。

实验 4　数据交换实验

1. 实验目的

(1)学习并掌握 51 单片机指令系统 XCH 交换指令功能及应用。

(2)学习并掌握 51 单片机 MOV 和 MOVX 指令功能及应用。

(3)掌握 51 单片机内部 RAM 和外部 RAM 的寻址方式和编程方法。

2. 实验设备

PC 系列微机及相关软件。

3. 实验内容及要求

(1)同实验 1。

(2)设计编写程序,实现以下功能:

【功能 1】产生数组 Hex1:0H,1H,…,0FH,存储到片内 RAM 区中,数组 Hex1 首地址为 30H;

【功能 2】产生数组 Hex2:0FH,0EH,…,0H,存储到片外 RAM 区中,数组 Hex2 首地址为 3000H;

【功能 3】将片内 RAM 数组 Hex1 与片外 RAM 数组 Hex2 交换内容。

要求:①寄存器 R_0 为片内 RAM 数组 Hex1 指针;②寄存器 DPTR 为片外 RAM 数组 Hex2 指针;③数组长度为 16 放在寄存器 R_7 中。

(3)在μVision3 开发平台上完成程序的编辑、编译、链接。

(4)调试程序,在μVision3 主菜单窗口进入"Debug"调试环境,打开存储器 Memory 1 窗口,在窗口"Address"栏内键入"D:30H";打开存储器 Memory 2 窗口,在窗口"Address"栏内键入"X:3000H";运行程序并观察 Memory 1 和 Memory 2 窗口中的数据是否完成了交换。

(5)若程序执行出现错误,可用单步或断点分段调试,排除程序错误直到正确为止。

(6)观察和记录实验结果,完成实验报告。

4. 实验预习要求

(1)仔细阅读实验教程第 1 章的内容,掌握μVision3 开发工具的使用。

(2)详细阅读、理解实验的内容及实验要求。

(3)详细阅读、理解本实验的编程算法。

(4)编写源程序。

5. 实验报告要求

(1)设计说明:介绍程序的功能、结构、原理及算法。

(2)调试说明:写出上机时遇到的问题及解决办法和调试情况,观察到的现象及其分析,对程序设计技巧的总结以及程序输出结果的分析,实验的心得体会等。

(3)程序框图。

(4)程序清单。

实验 5 十进制数累加运算实验

1. 实验目的

(1)学习及掌握 51 指令系统 ADD 指令和 ADC、DAA 指令功能。

(2)掌握十进制数累加程序设计方法。

(3)掌握子程序结构的设计方法。

2. 实验设备

PC 系列微机及相关软件。

3. 实验内容及要求

(1)同实验 1。

(2)设计编写程序,实现以下功能:

【功能 1】产生十进制数 1~100,并存放在片外 RAM 中以 1000H 为首地址的 Deci 数组中;

【功能 2】对 Deci 数组元素进行累加运算并将累加的和存入内部 RAM 中的 60H(存累加和低位)和 61H(存累加和高位)单元。

要求:①寄存器 DPTR 为片外 RAM 的 Deci 数组指针;②数组长度存放在寄存器 R7 中。

本实验程序应采用子程序结构,分别编写【功能 1】子程序和【功能 2】子程序,在主程序中调用子程序实现实验功能。

（3）在μVision3 开发平台上完成【功能 1】和【功能 2】程序的编辑、编译、链接。

（4）调试程序，在μVision3 主菜单窗口进入"Debug"调试环境，打开存储器 Memory 1 窗口，在窗口"Address"栏内键入"X:1000H"；打开存储器 Memory 2 窗口，在窗口 "Address"栏内键入"D:60H"；运行程序并观察 Memory 1 窗口中的 Deci 数组元素是否产生；观察 Memory 2 窗口中的 60H 和 61H 单元的内容（60H 单元为 50,61H 单元为 50）。

（5）若程序执行出现错误，可用单步或断点分段调试，排除程序错误直到正确为止。

（6）观察和记录实验结果，完成实验报告。

4. 实验预习要求

（1）仔细阅读实验教程第 1 章的内容，掌握μVision3 开发工具的使用。

（2）详细阅读、理解实验的内容及实验要求。

（3）详细阅读、理解本实验的编程算法。

（4）编写源程序。

5. 实验报告要求

（1）设计说明：介绍程序的功能、结构、原理及算法。

（2）调试说明：写出上机时遇到的问题及解决办法和调试情况，观察到的现象及其分析，对程序设计技巧的总结以及程序输出结果的分析，实验的心得体会等。

（3）程序框图。

（4）程序清单。

实验 6　DPTR 指针应用实验

1. 实验目的

（1）学习并掌握 51 指令系统 DPTR 指针应用。

（2）掌握堆栈指令功能及应用。

（3）掌握子程序的设计方法。

2. 实验设备

PC 系列微机及相关软件。

3. 实验内容及要求

（1）同实验 1。

（2）设计编写程序，实现以下功能：

【功能 1】产生十进制数组 Deci(1～99)，并存放在片内 RAM 中，Deci 数组首地址为 08H。

【功能 2】将 Deci 数组中偶数元素全部送入外部 RAM 偶数区，首地址为 2000H；将 Deci 数组中奇数元素全部送入外部 RAM 奇数区，首地址为 3000H；分别统计外部 RAM 偶数区和奇数区元素个数。

要求：寄存器 DPTR 分别为片外 RAM 偶数区和奇数区指针。

寄存器 R_5 和 R_6 分别作为奇数元素和偶数元素的计数器。

本实验程序应采用子程序结构，分别编写【功能 1】子程序和【功能 2】子程序，在主程序中调用子程序实现实验功能。

(3)在 μVision3 开发平台上完成【功能 1】和【功能 2】程序的编辑、编译、链接。

(4)调试程序，在 μVision3 主菜单窗口进入"Debug"调试环境，打开存储器 Memory 1 窗口，在窗口"Address"栏内键入"D:08H"；打开存储器 Memory 2 窗口，在窗口"Address"栏内键入"X:2000H"；打开存储器 Memory 3 窗口，在窗口"Address"栏内键入"X:3000H"；运行程序并观察 Memory 1 窗口中的 Deci 数组元素是否产生；观察 Memory 2 窗口(偶数区)和 Memory 3 窗口(奇数区)中的内容。

(5)若程序执行出现错误，可用单步或断点分段调试，排除程序错误直到正确为止。

(6)观察和记录实验结果，完成实验报告。

4. 实验预习要求

(1)仔细阅读实验教程第 1 章的内容，掌握 μVision3 开发工具的使用。

(2)详细阅读、理解实验的内容及实验要求。

(3)详细阅读、理解本实验的编程算法。

(4)编写源程序。

5. 实验报告要求

(1)设计说明：介绍程序的功能、结构、原理及算法。

(2)调试说明：写出上机时遇到的问题及解决办法和调试情况，观察到的现象及其分析，对程序设计技巧的总结以及程序输出结果的分析，实验的心得体会等。

(3)程序框图。

(4)程序清单。

实验 7　无符号数乘法实验

1. 实验目的

(1)学习及掌握 51 指令系统 MUL 指令和 DJNZ、JNC 指令功能。

(2)学习及掌握 3 字节乘 2 字节乘法程序的设计方法。

(3)学习及掌握子程序的设计方法。

2. 实验设备

PC 系列微机及相关软件。

3. 实验内容及要求

(1)同实验 1。

(2)设计编写一个 3 字节乘以 2 字节的乘法运算程序。

要求：①被乘数存放在寄存器 R_0（最低位）、R_1、R_2 中；②乘数存放在寄存器 R_3（最低位）、R_4 中；③乘数位数存放在寄存器 R_7 中；④乘积存放在片内 RAM 区的 25H（最低位）～29H 单元中。

(3)实验参考程序：

```
              ORG     0000H
              LJMP    MAIN
              ORG     0030H
MAIN：        LCALL   CLEAR        ;调用乘积区清零子程序
              MOV     R7,#10H      ;乘数位数 16 位二进制数
START：       MOV     69H,R0
              MOV     6AH,#05H
              MOV     R0,#25H      ;从最低位开始将积左移一次
              CLR     C
LOP1：        MOV     A,@R0
              ADDC    A,@R0
              MOV     @R0,A
              INC     R0
              DJNZ    6AH,LOP1
              MOV     69H,R0
              MOV     A,R3         ;乘数左移一次
              ADD     A,R3
              MOV     R3,A
              MOV     A,R4
              ADDC    A,R4
              MOV     R4,A
              JNC     LOP2         ;无进位转
              MOV     A,25H
              ADD     A,R0         ;最低位开始将被乘数位加到积单元
              MOV     25H,A
              MOV     A,26H
              ADDC    A,R1
              MOV     26H,A
              MOV     A,27H
              ADDC    A,R2
              MOV     27H,A
              MOV     A,28H
              ADDC    A,#0
              MOV     28H,A
```

```
            MOV      A,29H
            ADDC     A,#0
            MOV      29H,A
LOP2：     DJNZ     R₂,START
CLEAR：    CLR      A              ;乘积区清零子程序
            MOV      25H,A
            MOV      26H,A
            MOV      27H,A
            MOV      28H,A
            MOV      29H,A
            RET
            END
```

(4)在μVision3 开发平台上完成程序的编辑、编译、链接。

(5)调试程序,在μVision3 主菜单窗口进入"Debug"调试环境,打开存储器 Memory 1窗口,在窗口"Address"栏内键入"D:00H";点击鼠标右键,选择"Modify Memory"项,分别输入被乘数和乘数;运行程序并观察 Memory 1 窗口中 25H～29H 单元的乘积结果数据是否正确。

(6)若程序执行出现错误,可用单步或断点分段调试,排除程序错误直到正确为止。

(7)观察和记录实验结果,完成实验报告。

4. 实验预习要求

(1)仔细阅读实验教程第 1 章的内容,掌握μVision3 开发工具的使用。

(2)详细阅读、理解实验的内容及实验要求。

(3)详细阅读、理解本实验的编程算法。

(4)编写源程序。

5. 实验报告要求

(1)设计说明:介绍程序的功能、结构、原理及算法。

(2)调试说明:写出上机时遇到的问题及解决办法和调试情况,观察到的现象及其分析,对程序设计技巧的总结以及程序输出结果的分析,实验的心得体会等。

(3)程序框图。

(4)程序清单。

实验 8   数码转换实验

1. 实验目的

(1)熟悉 51 指令,掌握十六进制数转换为十进制数(BCD 码)的程序设计方法。

(2)进一步熟悉 Keil μVision3 软件编辑、编译、链接及调试程序的方法。

2. 实验设备

PC 系列微机及相关软件。

3. 实验内容

(1)同实验 1。

(2)设计编写一个 4 位十六进制数转换为 5 位十进制数(BCD 码表示)的实验程序。

要求如下:

从 μVision3 系统的存储器窗口输入 4 位十六进制数(2 字节)至片内 RAM 区 40H、41H 单元中(40H 单元存储低字节,41H 单元存储高字节),转换结果为 5 位十进制数(BCD 码表示)存储在片内 RAM 区 3AH~3CH 单元中(3AH 单元存储最低位)。

(3)算法说明:

16 位二进制数(4 位十六进制数)的值域为 0~65535,最大可转换为 5 位十进制数。5 位十进制数可表示为:

$$N = D_4 \times 10^4 + D_3 \times 10^3 + D_2 + 10^2 + D_1 \times 10 + D_0 \times 10^0$$

式中,D_i 表示十进制数数码 0~9。

将 16 位二进制数转换为 5 位十进制数,就是求式中 D_0~D_4,并将它们转换为 BCD 码。

(4)实验参考程序:

```
         ORG   0000H
         LJMP  MAIN
         ORG   0030H
MAIN:    MOV   R1,#3AH          ;存储 BCD 码地址指针
         MOV   R5,#03H
         CLR   A
CLEAR:   MOV   @R1,A            ;BCD 码数据区清零
         INC   R1
         DJNZ  R5,CLEAR
         MOV   R7,#10H
NEXT3:   MOV   R0,#40H          ;十六进制数据区地址指针
         MOV   R6,#02H
         CLR   C
NEXT1:   MOV   A,@R0            ;循环转换
         RLC   A
         MOV   @R0,A
         INC   R0
         DJNZ  R6,NEXT1
         MOV   R1,#3AH
         MOV   R5,#03H
```

```
NEXT₂: MOV   A,@R₁
        ADDC  A,@R₁
        DA    A                    ;十进制调整
        MOV   @R₁,A
        INC   R₁
        DJNZ  R₅,NEXT₂
        DJNZ  R₇,NEXT₃
        END
```

(5)在μVision3 开发平台上编辑、编译、链接源程序。

(6)调试程序,在μVision3 主菜单窗口进入"Debug"调试环境,打开存储器 Memory 1 窗口,在窗口"Address"栏内键入"D:40H";点击鼠标右键,选择"Modify Memory"项,输入 4 位十六进制数据;运行程序并观察 Memory 1 窗口 3AH～3CH 单元数据是否是转换的十进制数,用一组数据测试实验程序的正确性。

(7)若程序执行出现错误,可用单步或断点分段调试,排除程序错误直到正确为止。

(8)观察和记录实验结果,完成实验报告。

4. 实验预习要求

(1)仔细阅读实验教程第 1 章的内容,掌握μVision3 开发工具的使用。

(2)详细阅读、理解本次实验的内容,领会实验要求。

(3)掌握十六进制数转换十进制数的算法及相关指令。

(4)理解实验程序。

5. 实验报告要求

(1)设计说明:介绍程序的功能、结构、原理及算法。

(2)调试说明:写出上机时遇到的问题及解决办法和调试情况,观察到的现象及其分析,对程序设计技巧的总结以及程序输出结果的分析,实验的心得体会等。

(3)程序框图。

(4)程序清单。

实验 9　数据排序实验

1. 实验目的

(1)理解并掌握冒泡排序程序的设计方法。

(2)掌握 SUBB 减法指令的功能,并练习使用。

(3)掌握子程序设计方法。

2. 实验设备

PC 系列微机及相关软件。

3. 实验内容及要求

(1)同实验 1。

(2)设计编写程序,完成将片内 RAM 中 70H～7FH 共 16 个单元中的数据按从小到大的顺序排列。

编程提示:冒泡排序是最常用的一种交换排序方法。冒泡排序算法的基本思想是:通过对集合序列中待排元素关键字进行两两比较;若发生与排序要求相逆,则交换之。

设:$1 \leqslant i \leqslant n$,$r[1],r[2],\cdots,r[n]$ 为待排序列,通过两两比较、交换,重新安排存放顺序,使得 $r[i]$ 是序列中关键字值最大的元素。

待排序列一趟冒泡的过程如下:

① $i = 1$;$j = n-1$;　//设置从第一个元素开始进行两两比较//

② 若 $i \geqslant j$,一趟冒泡结束;

③ 比较 $r[i]$ 与 $r[i+1]$,若 $r[i] \leqslant r[i+1]$,不交换,转⑤;

④ 当 $r[i] > r[i+1]$ 时,将 $r[i] \longleftrightarrow r[i+1]$ 交换;

⑤ $i = i+1$;调整对下两个记录进行两两比较,转②。

根据上述冒泡方法可知:

第 1 趟冒泡对应 n 个元素表,得到一个关键码最大元素 $r[n]$;

第 2 趟冒泡对 n-1 个元素表,再得到一个关键码最大元素 $r[n-1]$;

第 i 趟冒泡对 n-i+1 个元素表,再得到一个关键码最大元素 $r[n-i+1]$;

第(n-1)趟冒泡对 n-(n-1)+1 个元素表(最后两个元素),再得到一个关键码最大元素 $r[2]$;至此,n 个元素按关键码升序排列完成。

可见,冒泡排序的算法(升序)过程是一个二重循环,外循环待排序列共要进行(n-1)趟冒泡扫描。内循环通过对每一趟中的待排序列表进行两两比较、交换,使得待排序列表中关键字值最大的元素冒泡到表的最后位置。

【例题】元素序列为 { 3,8,5,9,7,6,2,1,10,4 },其冒泡排序过程如下:

第 1 趟 i = 1　3　5　8　7　6　2　1　9　4　[10]　比较 n-1 次,有交换;

第 2 趟 i = 2　3　5　7　6　2　1　8　4　[9]　比较 n-2 次,有交换;

第 3 趟 i = 3　3　5　7　6　2　1　5　7　[8]　比较 n-3 次,有交换;

第 4 趟 i = 4　3　5　2　1　4　6　[7]　比较 n-4 次,有交换;

第 5 趟 i = 5　3　2　1　4　5　[6]　比较 n-5 次,有交换;

第 6 趟 i = 6　2　1　3　4　[5]　比较 n-6 次,有交换;

第 7 趟 i = 7　1　2　3　[4]　比较 n-7 次,有交换;

第 8 趟 i = 8　1　2　3　[4]　比较 n-8 次,没有交换;

第 9 趟 i = 9　1　2　3　[4]　比较 n-9 次,没有交换;

观察上述冒泡排序过程,集合中共有 10 个元素,应进行 10-1=9 趟冒泡扫描,实际只进行了 7 趟扫描就完成了排序。这说明,冒泡排序过程并不是每次都需要进行 n-1 趟扫描的,如果在一趟扫描中元素没有进行交换操作,说明排序提前结束。为了提高算法效率,常设置一个开关变量 F,设 F=1 时表示一趟冒泡扫描中有元素交换操作;F=0 时表明 1 趟冒泡扫描中没有元素交换操作。因此,当一趟冒泡扫描后 F=0 时,就提前从外循环中跳出来,结束排序。

采用冒泡排序算法,为了将 16 个单元的数按从小到大的顺序排列,可从 70H 单元开始,两数逐次进行比较,保存小数取出大数,且只要有地址单元内容的互换就置位标志;多次循环后,若两次比较不再出现有单元互换的情况,就说明从 70H～7FH 单元的数已全部从小到大排列完毕。

(3)实验参考程序:

```
                ;排序数据块的地址指针为 R0,数据块的长度在 R7 中
                ;内部 RAM 2AH 单元作为暂存器,寄存器 PSW 中的 F0 位做交换标志
        ORG     0000H
        LJMP    MAIN
        ORG     0030H
MAIN:   MOV     R0,#70H        ;排序数据块的起始地址指针
        MOV     R7,#16         ;数据块的长度为 10
        DEC     R7
        MOV     A,R7
        MOV     R6,A
        CLR     F0             ;初始化交换标志
LLOP:   MOV     A,@R0
        INC     R0
        MOV     2AH,@R0
CJNE    A,2AH,LCH              ;比较相邻两数大小
LCH:    JC      LNEXT          ;小于时交换数据
        XCH     A,@R0
        DEC     R0
        XCH     A,@R0
        INC     R0
        SETB    F0             ;设置交换标志
LNEXT:  DJNZ    R6,LLOP
        DEC     R7
        MOV     A,R7
        JZ      LSTOP          ;A=0 时排序结束
        JB      F0,MAIN
LSTOP:  SJMP    $
        END
```

(4)在 μVision3 开发平台上完成程序的编辑、编译、链接。

(5)调试程序,在 μVision3 主菜单窗口进入"Debug"调试环境,打开存储器 Memory 1 窗口,在窗口"Address"栏内键入"D:70H";点击鼠标右键,选择"Modify Memory"项,输入 16 个任意数据,运行程序并观察 Memory 1 窗口 70H～7FH 单元数据是否按从大到小的顺序排列。

(6)若程序执行出现错误,可用单步或断点分段调试,排除程序错误直到正确为止。

(7)记录实验结果,完成实验报告。

4. 实验预习要求

(1)仔细阅读实验教程第 1 章的内容,掌握 μVision3 开发工具的使用。

(2)详细阅读、理解本次实验的内容。

(3)掌握冒泡排序算法的基本思想。

(4)编写排序程序。

5. 实验报告要求

(1)设计说明:介绍程序的功能、结构、原理及算法。

(2)调试说明:写出上机时遇到的问题及解决办法和调试情况,观察到的现象及其分析,对程序设计技巧的总结以及程序输出结果的分析,实验的心得体会等。

(3)程序框图。

(4)程序清单。

实验 10　数据块长度统计实验

1. 实验目的

(1)学习及掌握 51 指令系统 CJNE 指令功能及应用。

(2)掌握 51 指令系统间接寻址方式和编程方法。

(3)掌握软件计数器程序设计方法。

2. 实验设备

PC 系列微机及相关软件。

3. 实验内容及要求

(1)同实验 1。

(2)设计编写程序,实现以下功能:

【功能 1】产生十六进制数组 Hex:1H,2H,…,80H,存储到片外 RAM 区中,数组 Deci 首地址为 0700H。

【功能 2】统计数组 Hex 元素个数并存储到片外 RAM 区 0800H 单元。

要求:应用 CJNE 指令判断 Hex 数组长度。

(3)在 μVision3 开发平台上完成程序的编辑、编译、链接。

(4)调试程序,在 μVision3 主菜单窗口进入"Debug"调试环境,打开存储器 Memory 1 窗口,在窗口"Address"栏内键入"X:0700H";打开存储器 Memory 2 窗口,在窗口 "Address"栏内键入"X:0800H";运行程序,观察 Memory 1 窗口中 Hex 数组元素是否产生,Memory 2 窗口中 Hex 数组长度是否正确。

(5)若程序执行出现错误,可用单步或断点分段调试,排除程序错误直到正确为止。

(6)观察和记录实验结果,完成实验报告。

4. 实验预习要求

(1)仔细阅读实验教程第 1 章的内容,掌握 μVision3 开发工具的使用。

(2)详细阅读、理解实验的内容及实验要求。

(3)详细阅读、理解本实验的编程算法。

(4)编写源程序。

5. 实验报告要求

(1)设计说明:说明程序的功能、结构、原理及算法。

(2)调试说明:写出上机时遇到的问题及解决办法和调试情况,观察到的现象及其分析,对程序设计技巧的总结以及程序输出结果的分析,实验的心得体会等。

(3)程序框图。

(4)程序清单。

实验 11   十进制数减法调整实验

1. 实验目的

(1)学习及掌握 51 指令系统 SUBB 指令和 CLR C 指令功能。

(2)掌握十进制数减法调整方法。

(3)掌握 DPTR 减 1 程序的设计方法。

(4)掌握子程序的设计及调用方法。

2. 实验设备

PC 系列微机及相关软件。

3. 实验内容及要求

(1)同实验 1。

(2)设计编写程序,实现以下功能:

【功能 1】产生十进制数组 Deci:99,98,97,…,0,并将数组元素存放在片内 RAM 中,地址为 73H～10H。

【功能 2】产生十六进制数组 Hex:63H,62H,61H,…,00H,并将数组元素存放在片外 RAM 中,地址为 563H～500H。

要求:①寄存器 R₁ 为片内 RAM 的 Deci 数组指针;②寄存器 DPTR 为片外 RAM 的 Hex 数组指针;③数组长度为 100 放在寄存器 R₇ 中。

本实验程序应采用子程序结构,分别编写功能 1 子程序和功能 2 子程序,在主程序中调用子程序实现实验功能。

（3）在μVision3 开发平台上完成【功能 1】和【功能 2】程序的编辑、编译、链接。

（4）调试程序，在μVision3 主菜单窗口进入"Debug"调试环境，打开存储器 Memory 1 窗口，在窗口"Address"栏内键入"D：10H"；打开存储器 Memory 2 窗口，在窗口"Address"栏内键入"X：500H"；运行程序并观察 Memory 1 窗口中的 Deci 数组元素是否产生；观察 Memory 2 窗口中的 Hex 数组元素是否产生。

（5）若程序执行出现错误，可用单步或断点分段调试，排除程序错误直到正确为止。

（6）观察和记录实验结果，完成实验报告。

4. 实验预习要求

（1）仔细阅读实验教程第 1 章的内容，掌握μVision3 开发工具的使用。

（2）详细阅读、理解实验的内容及实验要求。

（3）详细阅读、理解本实验的编程算法。

（4）编写源程序。

5. 实验报告要求

（1）设计说明：说明程序的功能、结构、原理及算法。

（2）调试说明：写出上机时遇到的问题及解决办法和调试情况，观察到的现象及其分析，对程序设计技巧的总结以及程序输出结果的分析，实验的心得体会等。

（3）程序框图。

（4）程序清单。

实验 12　8 位补码程序实验

1. 实验目的

（1）掌握 8 位数补码程序设计方法。

（2）掌握堆栈指令 PUSH、POP 的应用。

（3）正确设置堆栈指针 SP 的区域。

2. 实验设备

PC 系列微机及相关软件。

3. 实验内容及要求

（1）同实验 1。

（2）设计编写程序，实现以下功能：

【功能 1】产生十六进制数组 Hex：01H，02H，03H，…，7FH，并将数组元素存放在片外 RAM 中，首地址为 0200H。

【功能 2】求上述十六进制数组 Hex 元素的相反数，并存入数组 Comp 中，定义数组 Comp 在片外 RAM 中，首地址为 0280H。

要求:①寄存器 DPTR 为片内 RAM 的数组 Hex 和数组 Comp 指针;②数组长度寄存器自行定义。

本实验程序应采用子程序结构,分别编写【功能 1】子程序和【功能 2】子程序,在主程序中调用子程序实现实验功能。

(3)在 μVision3 开发平台上完成【功能 1】和【功能 2】程序的编辑、编译、链接。

(4)调试程序,在 μVision3 主菜单窗口进入"Debug"调试环境,打开存储器 Memory 1 窗口,在窗口"Address"栏内键入"X:0200H";打开存储器 Memory 2 窗口,在窗口"Address"栏内键入"X:0280H";运行程序并观察 Memory 1 窗口中的 Hex 数组元素是否产生;观察 Memory 2 窗口中的 Comp 数组元素是否产生。

(5)若程序执行出现错误,可用单步或断点分段调试,排除程序错误直到正确为止。

(6)观察和记录实验结果,完成实验报告。

4. 实验预习要求

(1)仔细阅读实验教程第 1 章的内容,掌握 μVision3 开发工具的使用。

(2)详细阅读、理解实验的内容及实验要求。

(3)详细阅读、理解本实验的编程算法。

(4)编写源程序。

5. 实验报告要求

(1)设计说明:说明程序的功能、结构、原理及算法。

(2)调试说明:写出上机时遇到的问题及解决办法和调试情况,观察到的现象及其分析,对程序设计技巧的总结以及程序输出结果的分析,实验的心得体会等。

(3)程序框图。

(4)程序清单。

实验 13　双字节十进制数实验

1. 实验目的

(1)掌握 ADD、ADDC、DA A 指令在双字节十进制加法中应用方法。

(2)掌握生成双字节十进制数运算方法。

(3)掌握生成双字节十进制数程序设计方法。

2. 实验设备

PC 系列微机及相关软件。

3. 实验内容及要求

(1)同实验 1。

(2)设计编写程序,实现以下功能:

【功能 1】产生双字节十进制数组 D_deci:0,1,2,…,255,并将数组元素存放在片外 RAM 中,首地址为 0100H。

要求:①寄存器 DPTR 为数组 D_deci 指针;②数组长度寄存器自行定义。

(3)在 μVision3 开发平台上完成【功能 1】和【功能 2】程序的编辑、编译、链接。

(4)调试程序,在 μVision3 主菜单窗口进入"Debug"调试环境,打开存储器 Memory 1 窗口,在窗口"Address"栏内键入"X:0100H";运行程序并观察 Memory 1 窗口中的数组 D_deci 元素是否产生。

(5)若程序执行出现错误,可用单步或断点分段调试,排除程序错误直到正确为止。

(6)观察和记录实验结果,完成实验报告。

4. 实验预习要求

(1)仔细阅读实验教程第 1 章的内容,掌握 μVision3 开发工具的使用。

(2)详细阅读、理解实验的内容及实验要求。

(3)详细阅读、理解本实验的编程算法。

(4)编写源程序。

5. 实验报告要求

(1)设计说明:说明程序的功能、结构、原理及算法。

(2)调试说明:写出上机时遇到的问题及解决办法和调试情况,观察到的现象及其分析,对程序设计技巧的总结以及程序输出结果的分析,实验的心得体会等。

(3)程序框图。

(4)程序清单。

实验 14　BCD 码转换程序实验

1. 实验目的

(1)学习及掌握非压缩 BCD 码和压缩 BCD 码两种表示方法。

(2)掌握 SWAP、ANL、ORL 指令功能及在 BCD 码转换中的应用方法。

(3)掌握单字节 BCD 码转换程序设计方法。

2. 实验设备

PC 系列微机及相关软件。

3. 实验内容及要求

(1)同实验 1。

(2)设计编写程序,实现以下功能:

【功能 1】产生单字节压缩 BCD 码数组 BCD_con:00H,01H,02H,…,99H,并将数组元

素存放在片内 RAM 中,首地址为 10H。

【功能 2】将单字节压缩 BCD 码数组 BCD_con 中元素转换为非压缩 BCD 码数组 BCD_Ncon:0000H,0001H,0002H,…,0909H,并将数组元素存放在片外 RAM 中,首地址为 0500H。

要求:①寄存器 DPTR 为数组 BCD_con 和 BCD_Ncon 的指针;②BCD_Ncon 数组元素占 2 个字节单元,高地址单元存放个位 BCD 码数据,低地址单元存放十位 BCD 码数据;③数组长度寄存器自行定义。

(3)在 μVision3 开发平台上完成【功能 1】和【功能 2】程序的编辑、编译、链接。

(4)调试程序,在 μVision3 主菜单窗口进入"Debug"调试环境,打开存储器 Memory 1 窗口,在窗口"Address"栏内键入"D:10H";打开存储器 Memory 2 窗口,在窗口"Address"栏内键入"X:0500H";运行程序并观察 Memory 1 和 Memory 2 窗口中的数组 BCD_con 元素和 BCD_Ncon 元素是否产生。

(5)若程序执行出现错误,可用单步或断点分段调试,排除程序错误直到正确为止。

(6)观察和记录实验结果,完成实验报告。

4. 实验预习要求

(1)仔细阅读实验教程第 1 章的内容,掌握 μVision3 开发工具的使用。

(2)详细阅读、理解实验的内容及实验要求。

(3)详细阅读、理解本实验的编程算法。

(4)编写源程序。

5. 实验报告要求

(1)设计说明:说明程序的功能、结构、原理及算法。

(2)调试说明:写出上机时遇到的问题及解决办法和调试情况,观察到的现象及其分析,对程序设计技巧的总结以及程序输出结果的分析,实验的心得体会等。

(3)程序框图。

(4)程序清单。

实验 15　奇、偶校验码程序实验

1. 实验目的

(1)掌握 ASCII 码奇、偶校验码程序设计方法。

(2)掌握子程序调用指令 LCALL、ACALL 功能及应用。

(3)正确设置堆栈指针 SP 的区域。

2. 实验设备

PC 系列微机及相关软件。

3. 实验内容及要求

(1)同实验 1。

(2)设计编写程序,实现以下功能:

【功能 1】产生十六进制数组 Hex:00H,01H,02H,…,0FH,并将数组元素存放在片内 RAM 中,首地址为 30H。

【功能 2】查表求上述十六进制数组 Hex 元素的 AscII 码,并存入数组 Asc 中,定义数组 Asc 在片内 RAM 中,首地址为 40H。

【功能 3】对数组 Asc 元素进行奇校验,并存入数组 Asc-odd 中,定义数组 Asc-odd 在片内 RAM 中,首地址为 50H。

【功能 4】对数组 Asc 元素进行偶校验,并存入数组 Asc-even 中,定义数组 Asc-even 在片内 RAM 中,首地址为 60H。

要求:本实验程序应采用子程序结构,分别编写【功能 1 至功能 4】子程序,在主程序中调用子程序实现实验功能。

(3)在 μVision3 开发平台上完成主程序及【功能 1 至功能 4】子程序的编辑、编译、链接。

(4)调试程序,在 μVision3 主菜单窗口进入"Debug"调试环境,打开存储器 Memory 1 窗口,在窗口"Address"栏内键入"D:30H";运行程序并观察 Memory 1 窗口中的数组 Hex、Asc、Asc-odd、Asc-even 元素是否产生。

(5)若程序执行出现错误,可用单步或断点分段调试,排除程序错误直到正确为止。

(6)观察和记录实验结果,完成实验报告。

4. 实验预习要求

(1)仔细阅读实验教程第 1 章的内容,掌握 μVision3 开发工具的使用。

(2)详细阅读、理解实验的内容及实验要求。

(3)详细阅读、理解本实验的编程算法。

(4)编写源程序。

5. 实验报告要求

(1)设计说明:说明程序的功能、结构、原理及算法。

(2)调试说明:写出上机时遇到的问题及解决办法和调试情况,观察到的现象及其分析,对程序设计技巧的总结以及程序输出结果的分析,实验的心得体会等。

(3)程序框图。

(4)程序清单。

实验 16 P_1 口输出控制及软件延时实验

1. 实验目的

(1)学习及掌握 51 指令系统 RL A 和 RR A 移位指令功能及应用技术。

(2)学习及掌握μVision3 环境下硬件资源仿真应用方法。

(3)掌握软件延时子程序设计方法。

2. 实验设备

PC 系列微机及相关软件。

3. 实验内容及要求

(1)同实验1。

(2)设计编写程序,实现以下功能:

【功能 1】控制单片机 P_1 端口输出信号仿真循环流水灯状态,P_1 端口输出信号延时为 2s。P_1 端口输出信号表如下:

TABLE: DB 0FEH,0FDH,0F7H,0EFH,0DFH,7FH,7FH,0DFH

DB0EFH,0F7H,0FDH,0FEH,01H,02H,04H,08H,10H,20H,40H

DB80H,40H,20H,10H,01H,02H,04H,08H

【功能 2】编写产生软件延时 2s 子程序。

要求:①本实验程序 P_1 口输出状态信号采用 RL A 和 RR A 移位指令实现;②实验程序应采用子程序结构,编写【功能 2】子程序,在主程序中调用子程序实现实验功能。

(3)在μVision3 开发平台上完成【功能 1】和【功能 2】程序的编辑、编译、链接。

(4)调试程序,在μVision3 主菜单窗口进入"Debug"调试环境,点击 Peripherals 菜单栏,在菜单窗口选择"I/O-Ports"→"Port1"项,进入 P_1 口仿真环境,运行程序并观察"Parallel Port1"窗口中 $P_{1.0}\sim P_{1.7}$ 的输出状态。

(5)若程序执行出现错误,可用单步或断点分段调试,排除程序错误直到正确为止。

(6)观察和记录实验结果,完成实验报告。

4. 实验预习要求

(1)仔细阅读实验教程第 1 章的内容,掌握μVision3 开发工具的使用。

(2)详细阅读、理解实验的内容及实验要求。

(3)详细阅读、理解本实验的编程算法。

(4)编写源程序。

5. 实验报告要求

(1)设计说明:说明程序的功能、结构、原理及算法。

(2)调试说明:写出上机时遇到的问题及解决办法和调试情况,观察到的现象及其分析,对程序设计技巧的总结以及程序输出结果的分析,实验的心得体会等。

(3)程序框图。

(4)程序清单。

实验 17　定时器中断控制实验

1. 实验目的

(1)学习及掌握 51 系统定时器工作原理及编程应用技术。

(2)学习及掌握 51 系统中断控制程序设计方法。

(3)学习及掌握 μVision3 环境下硬件资源仿真应用方法。

2. 实验设备

PC 系列微机及相关软件。

3. 实验内容及要求

(1)同实验 1。

(2)设计编写程序,实现以下功能:

【功能 1】控制单片机 P0 端口输出信号仿真循环流水灯状态,P0 端口输出信号延时为 2s。

P0 端口输出信号表如下:

TABLE: DB 0FEH,0FDH,0F7H,0EFH,0DFH,7FH

【功能 2】编写应用定时器 T0 产生延时 2s 中断程序。

要求:①本实验程序 P0 口输出状态信号采用 RL A 移位指令实现;②实验程序应采用中断程序结构,编写【功能 2】中断程序,主程序中等待定时器请求信号实现实验功能。

(3)在 μVision3 开发平台上完成【功能 1】和【功能 2】程序的编辑、编译、链接。

(4)调试程序,在 μVision3 主菜单窗口进入"Debug"调试环境,点击 Peripherals 菜单栏,在菜单窗口选择"I/O-Ports"→"Port0"项,进入 P0 口仿真环境;在菜单窗口选择"I/O-Ports"→"Timer0"项,进入定时器 T0 仿真环境;在菜单窗口选择"I/O-Ports"→"Interrupt"项,进入中断仿真环境。运行程序观察"Parallel Port 0"窗口中 $P_{0.0} \sim P_{0.7}$ 的输出状态;观察"Timer/Counter0"窗口中寄存器 TCON、TMOD 的命令字以及寄存器 TH0、TL0 的状态变化;观察"Interrupt System"窗口中系统中断允许位 EA、定时器 T0 中断允许位 ET0、定时器 T0 中断入口地址的状态值。

(5)若程序执行出现错误,可用单步或断点分段调试,排除程序错误直到正确为止。

(6)观察和记录实验结果,完成实验报告。

4. 实验预习要求

(1)仔细阅读实验教程第 1 章的内容,掌握 μVision3 开发工具的使用。

(2)详细阅读、理解实验的内容及实验要求。

(3)详细阅读、理解本实验的编程算法。

(4)编写源程序。

5. 实验报告要求

(1)设计说明:说明程序的功能、结构、原理及算法。

(2)调试说明:写出上机时遇到的问题及解决办法和调试情况,观察到的现象及其分析,对程序设计技巧的总结以及程序输出结果的分析,实验的心得体会等。

(3)程序框图。

(4)程序清单。

实验 18　自行设计实验

前面列出了在μVision3 开发平台上调试软件程序的 17 个实验。这 17 个实验可以全做,也可以选做。当然,可以在μVision3 开发平台上调试、研究的软件程序很多,实验的内容千变万化。考虑到μVision3 开发平台功能强大、操作灵活方便,适宜于学生自选或自行设计实验内容的优点,教师可留出部分实验时间,让学生自拟实验内容或调试自己设计的软件程序,对准学生各自的疑难点、兴趣点或学习关键点,从而有效地提高学习收获,激发学生的创新思想,提高学生的动手能力及思考问题、解决问题的能力。

自行设计实验的实验目的、实验内容等各项,可由学生参考前 17 项实验自拟。这一阶段实验的总目的,大体环绕以下几个方面:熟悉指令功能与应用;研究并掌握一些常用的程序设计思路;总结经验提高调试程序的能力;养成良好的编程习惯;精练、正确地编写程序注释;按规定的格式书写源程序;练习编写简单程序等方面。

自行设计实验后的实验报告仍应交实验指导教师审阅,并记录成绩。这样有利于教师了解学生的学习情况,也有助于教师积累实验教学经验,以不断改进教学方法,提高教学质量。

第 3 章　PROTEUS 仿真工具

3.1　Proteus 仿真平台

　　Proteus 仿真平台是由英国 Lab Center Electronics 公司新近推出的目前世界上最先进、最完整的 EDA 工具软件。该软件集原理图设计布图、PCB 制版以及电路分析与仿真多种功能于一身,可以实现数字电路、模拟电路及 MCU 系统与外围设备的嵌入式应用系统的电路设计、软件调试与仿真、系统协同仿真和 PCB 设计等全部功能。在 Proteus 仿真平台上,用户可以实时采用如 LED/LCD、键盘、RS-232 终端等动态外设模型对设计系统进行交互与仿真调试,大大提高了嵌入式系统的开发效率和质量,降低了开发风险。

　　Proteus 系统由 ISIS(Intelligent Schematic Input System)和 ARES(Advanced Routing and Editing Software)两个软件构成,其中 ISIS 是一款智能电路原理图输入系统,可作为电子系统仿真平台。ISIS 系统有丰富的元器件库,库中有数千种元器件仿真模型,十余种信号激励源,十余种虚拟仪器仪表,以及从 8 位 MCS-51 系列单片机直至 32 位单片机 ARM7 系列的多种单片机类型库。在 ISIS 平台上,用户可以灵活方便地完成嵌入式应用系统的硬件和软件设计,源代码级调试与仿真。ARES 是一款高级布线编辑软件,用于制作印刷电路板(PCB)。本章只讲述 Proteus ISIS 仿真应用。

3.2　Proteus ISIS 窗口与基本操作

3.2.1　Proteus ISIS 主窗口

　　安装好 Proteus 后,启动 ISIS 快捷图标 进入 ISIS 主窗口工作界面。Proteus ISIS 主窗口的工作界面如图 3-1 所示,它是一种标准的 Windows 窗口界面,主窗口包括标题栏、主菜单、标准工具栏、绘图工具栏、状态栏、对象选择按钮、预览对象方位控制按钮、仿真进程控制按钮、预览窗口、对象选择器窗口、原理图编辑窗口等内容。其中,标题栏用于指示当前工作的文件名;状态栏用于指示当前鼠标的坐标值;原理图编辑窗口用于设置元器件、器件布线以及绘制电路原理图;预览窗口用于预览选中对象,或用来快速实现以原理图中某点为中心显示整个原理图;对象选择器用于选择元器件、终端、图标、信号发生器、虚拟仪器等。

　　下面对 ISIS 主窗口中主菜单栏、标准工具栏、绘图工具栏、仿真进程控制按钮中各图标的功能及使用做一简介。

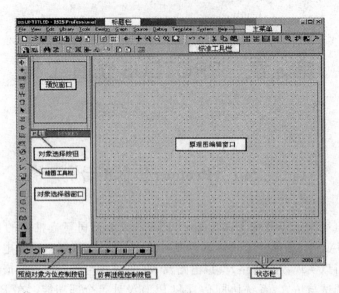

图 3-1　Proteus ISIS 主窗口的工作界面

1. 主菜单栏

Proteus ISIS 主菜单栏包括文件(F)"File"、查看(V)"View"、编辑(E)"Edit"、库(L)"Library"、工具(T)"Tools"、设计(n)"Design"、图形(G)"Graph"、源文件(S)"Source"、调试(D)"Debug"、模板(m)"Template"、系统(y)"System"和帮助(H)"Help"等 12 个下拉子菜单操作命令。

2. 标准工具栏

标准工具栏包含文件工具栏、视图工具栏、编辑工具栏和设计工具栏四个部分,工具栏中图标按钮的显示与隐藏操作可以通过选择主菜单栏"View"→"Toolbars"命令项实现。

(1)文件工具栏

文件工具栏共有 7 个图标按钮,如图 3-2 所示。

图 3-2　文件工具栏图标按钮

图 3-2 中图标按钮从左至右分别表示:新建一个设计文件、打开已有设计文件、保存设计文件、导入部分文件、导出部分文件、打印文件、选择打印区域等操作功能。

(2)视图工具栏

视图工具栏有 8 个图标按钮,如图 3-3 所示。

图 3-3　视图工具栏图标按钮

图 3-3 中图标按钮从左至右分别表示:刷新编辑窗口和预览窗口、栅格开关、改变图纸原点(左上角点/中心)、选择图纸显示中心、放大图纸、缩小图纸、显示整张图纸、显示视窗选中区域等操作功能。

（3）编辑工具栏

编辑工具栏有 13 个图标按钮，如图 3-4 所示。

图 3-4　编辑工具栏图标按钮

图 3-4 中图标按钮从左至右分别表示：撤销、恢复、剪切、复制（与粘贴按钮一起用）、粘贴（与复制按钮一起用）、复制选中的块对象、移动选中的块对象、旋转选中的块对象、删除选中的块对象、添加元器件或符号、制作元器件（将原理图符号封装成元件）、PCB 封装工具、释放元器件等操作功能。

（4）设计工具栏

设计工具栏有 10 个图标按钮，如图 3-5 所示。

图 3-5　设计工具栏图标按钮

图 3-5 中图标从左至右分别表示：实时捕捉开关、自动布线开关、查找、属性分配工具、新建图层、删除图层、转到某根图层或其他层次图层、转到所指对象所在图层、转到当前父层图、生成元件列表（按 HTML 格式输出）、生成电气规格检查报告、借助网络表转换为 ARES 文件等操作功能。

3. 绘图工具栏

绘图工具栏有 7 个模型工具图标按钮，如图 3-6 所示。

绘图工具栏包含模型工具图标按钮、部件工具图标按钮、2D 图形工具图标按钮三个部分。

图 3-6　模型工具图标按钮

图 3-6 中图标按钮从左至右分别表示：选择模式（先单击该图标再单击要修改的元件）、元件选择工具（默认选择）、节点放置工具、节点标注或网络名称编辑工具（总线绘图时选用）、文本编辑工具、总线绘制工具、子电路绘制工具等操作功能。

绘图主要部件工具图标按钮，如图 3-7 所示。

图 3-7　绘图主要部件图标按钮

图 3-7 中图标按钮从左至右分别表示：终端选取工具（有电源、地、输出、输入等接口）、器件引脚选取工具（用于绘制各种引脚，如普通引脚、时钟引脚、反电压引脚、短接引脚等）、仿真分析图表选取工具（用于各种仿真分析，如模拟图表、数字图表、混合图表和噪声图表等）、电路分割仿真选取工具、激励源选取工具（选择各种激励源如正弦激励源、脉冲激励源、指数激励源和 FILE 激励源等）、电压探针工具（电路仿真时显示探针处电压值）、电流探针

工具(电路仿真时显示探针处电流值)、虚拟仪表选取工具(虚拟仪表包括示波器、逻辑分析仪、定时器/计数器、模式发生器等)等操作功能。

2D 图形绘制工具图标按钮,如图 3-8 所示。

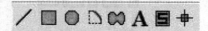

图 3-8　2D 图形绘制工具图标按钮

图 3-8 中图标按钮从左至右分别表示:直线绘制工具、方框绘制工具、圆形绘制工具、圆弧绘制工具、多边形绘制工具、文本绘制工具、符号绘制工具、原点绘制工具等操作功能。

4. 方向工具栏

方向工具栏有旋转图标 C⟳0 按钮和翻转图标 ↔ ↕ 按钮,其中图标⟳按钮为逆时针旋转、图标⟳按钮为顺时针旋转;图标↔按钮为水平镜像翻转、图标↕按钮为垂直镜像翻转。两组图标按钮的使用方法是:先右键单击元件,再左键单击相应的图标。点击旋转图标后旋转角度只能是 90^0 的整数倍,点击翻转图标后完成水平翻转和垂直翻转等操作功能。

5. 仿真工具栏

仿真工具栏中包括 4 个仿真控制图标按钮,如图 3-9 所示。

图 3-9　仿真控制图标按钮

图 3-9 中图标按钮从左至右分别表示全速仿真运行、单步仿真运行、暂停仿真、停止仿真等操作功能。

3.2.2　电路原理图设计

为了让用户快速掌握 Proteus ISIS 电路原理图的设计方法,下面以图 3-10 所示电路为例,介绍电路原理图的设计步骤。图 3-10 所示电路功能是:AT89C51 单片机的 $P_{1.0}$ 端口控制一个红色的发光二极管 LED 灯循环闪烁点亮,LED 灯亮灭的时间间隔为 200ms。

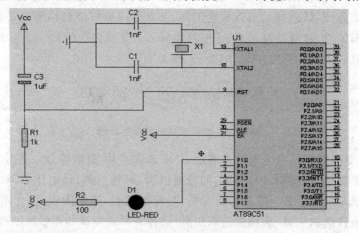

图 3-10　示例电路原理图

1. 建立设计文档

点击 ISIS 图标 启动系统进入 ISIS 编辑环境,选择主菜单"File"→"New Design"命令项,系统弹出新建设计文件对话框(如图 3-11 所示),选中对话框"DEFAULT"项,点击"OK"按钮,新设计文件建成。

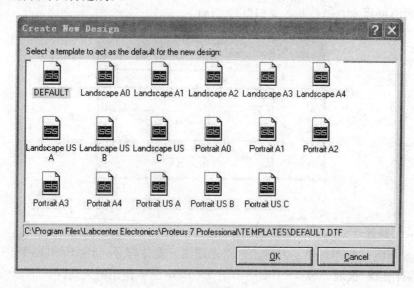

图 3-11 创建新设计文件对话框

将新设计文件保存在 C 盘 Proteus 7 Professional"示例程序"目录中,保存文件名为"example",系统默认扩展名为".DSN"。选择主菜单"File"→"Save Design"命令项(或单击文件工具栏 图标),系统弹出如图 3-12 所示对话框,在"保存在(I)"下拉列表框中选择目标查找路径,并在"文件名(N)"下拉列表框中输入"example",点击"保存"按钮,新设计文件保存成功。之后,在 ISIS 主窗口的标题栏上将显示"example - ISIS Professional"信息。

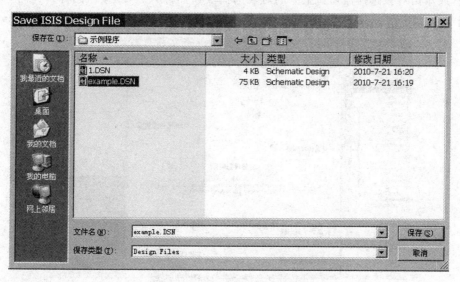

图 3-12 保存设计文件对话框

2. 设置工作环境

根据实际电路原理图设置图纸尺寸。单击主菜单"System"→"Set Sheet Size"命令项，系统弹出如图 3-13 所示设置图纸尺寸对话框，用户可以通过选择对话框中的复选框来修改图纸尺寸。如选择"A4"复选框，再点击"OK"按钮，即将图纸尺寸设置为标准的 A4 图纸〔系统默认的图纸尺寸为 A4，长×宽(10in×7in)〕。

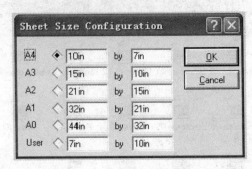

图 3-13　设置图纸尺寸对话框

3. 提取元器件

Proteus ISIS 元件库提供了大量的电路原理图元器件符号，利用 Proteus ISIS 的搜索功能实现元器件查找、提取。表 3-1 中列出图 3-10 电路中使用的元器件。

表 3-1　图 3-10 电路中的元器件表

单片机 AT89C51	瓷片电容 CAP	电气电容 CAP - ELEC
晶振 CRYSTAL	红灯 LED - RED	电阻 RES

从系统元件库中提取元器件的操作是：选择主菜单"Library"→"Pick Device/Symbol"命令项（或单击对象选择器窗口上方的对象选择按钮图标□中"P"按钮图标），此时，系统弹出如图 3-14 所示"Pick Devices"对话框。

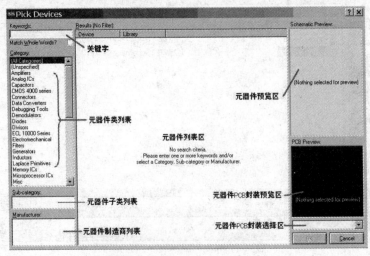

图 3-14　"Pick Devices"对话框

在"Keywords"方框栏中输入要提取元件名称(比如输入"AT89C51"),则系统出现如图 3-15 所示界面,在库列表窗口("Results")的元器件列表区中选中元器件("AT89C51")项, 双击后,元件项"AT89C51"即可出现在对象选择器窗口中。

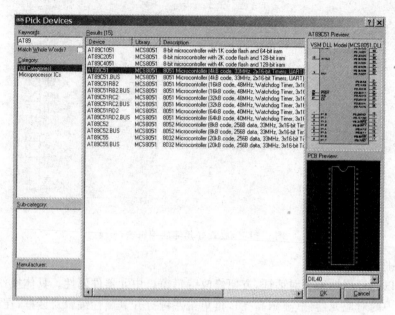

图 3-15 提取元器件界面

按以上操作将图 3-10 电路中的元件全部选入对象选择器窗口中,如图 3-16 所示。

4. 在原理图中放置元器件

在当前设计文件的对象选择器窗口中添加元器件后,就要将这些元器件放置主窗口的原理图编辑区中。以下是设置元器件的一些基本操作。

(1)元器件放置:先在对象选择器窗口中选中要放置的元器件,再在 ISIS 编辑区空白处单击左键。

(2)选中:单击编辑区某对象,默认为红色高亮显示。

(3)取消选择:在编辑区的空白处单击。

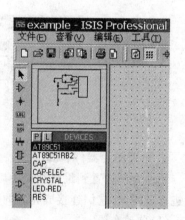

图 3-16 对象选择器窗口

(4)移动:单击对象,再按住鼠标左键移动。

(5)旋转:单击 ↻↺ 0 ↔↕ 中相应图标按钮即可。

(6)复制:选中对象,单击复制快捷图标。

(7)粘贴:复制操作后,单击粘贴快捷图标。

(8)删除:双击或者右击对象快捷菜单中的操作命令。

(9)编辑(属性设置):双击或右击对象快捷菜单中的操作命令。

(10)快操作:选中操作对象,再单击相应的工具按钮 ▦▦▦▦。

将图 3-16 对象选择器窗口中元件全部放置好的编辑窗口如图 3-17 所示。

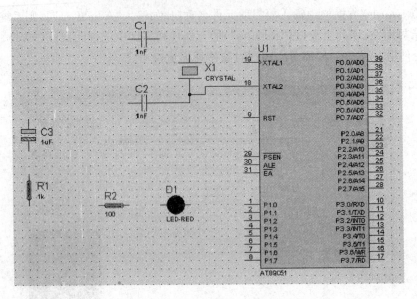

图 3-17　放置好元件的编辑窗口

5.元器件属性设置

用户可以通过属性编辑对话框,方便修改编辑窗口中元器件属性。具体操作是:先单击右键编辑区中的对应元器件(显示高亮),再单击左键打开其属性编辑对话框,在属性对话框中设置、修改元器件的属性。图 3-18 所示为图 3-17 编辑窗口中电容 C2 属性设置对话框。

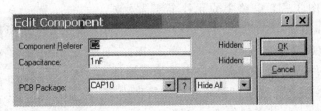

图 3-18　电容 C2 属性设置对话框

6.原理图元器件布线

元件全部放置到编辑窗口中后,利用 Proteus ISIS 编辑平台提供的各种工具、命令对它们进行布线,将它们连接成完整的电路原理图。元件布线操作有以下几种:

(1)自动布线

系统默认布线为自动布线。单击连线的起点和终点,系统会自动以直角走线,生成连线。在前一指针找落点和当前点之间会自动预画线,它可以是带直角的线。在引脚末端选定第一个画线点后,随指针移动自动有预画线出现;当遇到障碍时,布线会自动绕开障碍。

(2)手工调整线行

手工直角画线,可直接在移动鼠标的过程中单击即可。若手工任意角度画线,在移动鼠标的过程中按住 Ctrl 键,移动指针,预画线自动随指针呈任意角度,确定后单击即可。

(3)移动画线、改变线行

选中要改变的画线,指针靠近画线,会出现"×"捕捉标志。按下左键,若出现双箭头,则表示可沿垂直于该线的方向移动。此时拖动鼠标,就近的线会跟随移动。若按住拐点或斜线上任意一点,出现标志后可任意角度拖动画线。

7. 放置电源、地(终端)

单击工具栏中的终端按钮图标，在对象选择器窗口中出现终端符号列表,从列表中选择需要的电源、地,放置到编辑窗口中布线,图 3 - 19 所示为布好线的电路原理图。

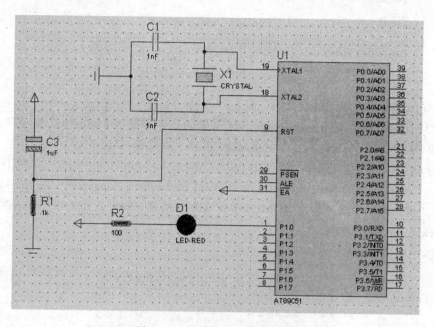

图 3 - 19　布好线的电路原理图

8. 查看原理图纸

在编辑电路原理图窗口选择视图工具栏图标按钮,完成对原理图移动、放大、缩小等查看功能,具体操作方法如下。

移动视图:在预览窗口内单击鼠标左键,可以在 ISIS 编辑窗口中移动原理图,再次单击后可停止原理图的移动。

放大视图:单击视图工具栏⊕图标按钮,或使鼠标中轮上滚,以鼠标指针点为中心放大原理图。

缩小视图:单击视图工具栏⊖图标按钮,或使鼠标中轮下滚,以鼠标指针点为中心缩小大原理图。

显示全部原理图:单击视图工具栏⊕图标按钮。

显示局部原理图:单击视图工具栏⊕图标按钮,在编辑区单击鼠标,按住并拖出一个方框,把要显示的内容框进方框中。

9. 原理图电气规则检查

电路原理图绘制完成后,选择"Tools"→"Electrical Rules Check"命令项(或单击工具栏中电气检查⊕图标按钮),系统弹出电气规则检查报告单,如图 3 - 20 所示。报告单中,系统提示电气检查结果列表信息,若有错,会有详细的说明。本例报告单中系统提示网络表已生成,无电气错误,用户可以执行下一步操作。

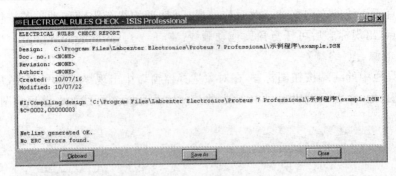

图 3-20 电气规则检查报告单

10. 存盘和输出原理图材料清单

将设计好的原理图文件存盘,同时,选择"Tools"→"Bill of Materials"命令项,系统弹出输出 BOM(Bill of Materials 材料清单)文件选择下拉菜单,如图 3-21 所示。

Proteus ISIS 可生成 HTML(Hyper Text Mark-up Language)、ASCII、CCSV (Compact Comma-Separated Variable)和 FCSV(Full Comma-Separated Variable)4 种格式的 BOM 文件。本例中选择输出 BOM 文件为 ASCII 格式,选择"2. ASCII Output"项后,系统生成"example. TXT"文件。

至此,一个实际的电路原理图设计完成。

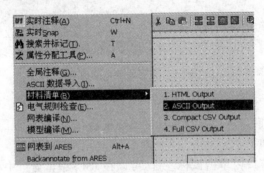

图 3-21 输出 BOM 文件选择菜单

3.2.3 源程序建立与编译

1. 建立源程序

Proteus ISIS 系统可以直接调用 Keil μVision3 环境下设计的源程序进行联调,实现对设计电路的仿真验证,也可以在 Proteus ISIS 系统提供的文本编辑器中建立、编译源程序,Keil μVision3 环境下建立、编译源程序的操作方法在第 1 章里已经做了详细的介绍,这里不再赘述。我们仍然以图 3-10 电路为例介绍 Proteus ISIS 系统中源程序的建立和编译方法。

(1)源程序设计

图 3-10 电路功能是:AT89C51 单片机的 $P_{1.0}$ 端口控制一个红色的发光二极管 LED 灯循环闪烁点亮,LED 灯亮、灭的时间间隔为 200ms。

完成上述功能的汇编语言源程序如下:

```
        ORG     0000H
        LJMP    MAIN
        ORG     0030H
MAIN:   CLR     P1.0            ;LED 灭
        LCALL   DELAY           ;延时 200ms
        SETB    P1.0            ;LED 亮
        LCALL   DELAY           ;延时 200ms
        AJMP    MAIN            ;循环闪烁
DELAY:  MOV     R7,#100         ;200ms 延时子程序
DL1:    MOV     R6,#50
DL2:    MOV     R5,#20
        DJNZ    R5,$
        DJNZ    R6,DL2
        DJNZ    R7,DL1
        RET
        END
```

（2）建立源程序文件

Proteus ISIS 平台上建立源程序操作是：在 Proteus ISIS 主菜单中单击"Source"→"Add/Remove Source Code Files"命令项，系统弹出如图 3－22 所示对话框，单击"Code Generation Tool"（目标代码生成工具）下拉列表按钮，选择"ASEM51"（51 系列单片机编译器）。

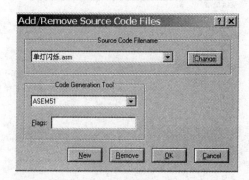

图 3－22　"Add/Remove Source Code Files"对话框

单击图 3－22 "New"命令按钮，系统弹出如图 3－23 所示"New Source File"对话框，在"文件名（N）"栏框中输入源程序文件名"单灯闪烁．ASM"，单击"打开"按钮，在接着弹出的小对话框中选择"是"按钮，新建的源程序文件"单灯闪烁．ASM"就添加到图 3－22 对话框的"Source Code Filename"下方框中。最后单击图 3－22 的"OK"按钮，新建的源程序文件"单灯闪烁．ASM"添加到"Source"菜单中。

（3）编辑源程序

单击"Source"→"单灯闪烁．ASM"项，系统弹出如图 3－24 所示"Source Editor"对话框，将汇编语言源程序输入窗口，并单击█图标按钮存盘退出。

2. 编译源程序生成目标代码文件

单击"Source"→"Build All"选项,系统对源程序进行汇编,若源程序没有错误,系统将生成目标代码文件"单灯闪烁.HEX"如图 3 - 25 所示,若源程序有错误,可根据窗口提示信息返回编辑窗口修改源程序后再汇编,直至源程序汇编成功。

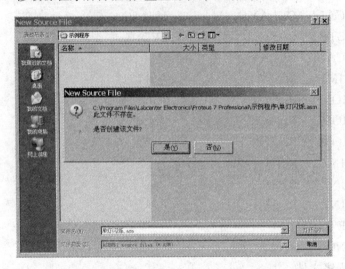

图 3 - 23　"New Source File"对话框

图 3 - 24　"Source Editor"窗口

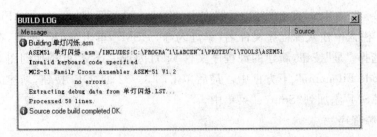

图 3 - 25　源程序汇编窗口

3.2.4　Proteus 仿真

1. 加载目标代码文件和设置时钟频率

在 Proteus ISIS 编辑区中双击原理图单片机符号 AT89C51，打开系统"Edit Component"对话框(元件属性编辑)如图 3－26 所示，单击"Program File"方框栏右侧打开文件图标按钮，在弹出的文件列表中选择"单灯闪烁 . HEX"文件为目标代码文件，在"Clock Frequency"方框栏中设置时钟频率为 12MHz(Proteus ISIS 仿真运行时单片机的时钟频率是以"Edit Component"中设置为准，因此，在电路原理图的设计中可以省略单片机的时钟电路)，单击"OK" 按钮，完成加载目标代码文件和设置时钟频率操作。

图 3－26　"Edit Component"对话框

2. Proteus 仿真

在 Proteus ISIS 主菜单中单击"System"→"Set Animated Options"命令项，系统弹出如图 3－27 所示"Animated Circuits Configuration"(设置仿真电路)对话框，在对话框中可以设置仿真电路的速度、电压/电流的范围以及其他功能。对话框中部分选项卡功能如下：

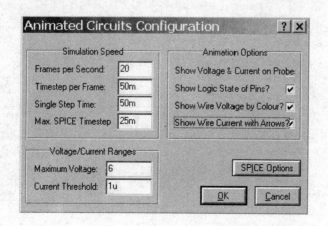

图 3－27　"Animated Circuits Configuration"对话框

"Show Voltage & Current on Probes"表示是否在探测点显示电压/电流值;

"Show Logic State of Pins"表示是否显示引脚逻辑状态;

"Show Wire Voltage by Colour"表示是否用不同颜色表示线电压;

"Show Wire Current with Arrows"表示是否用箭头表示线电流方向。

单击"SPICE Options"图标按钮 SPICE Options ,可以打开"Interactive Simulation Options"对话框,如图 3-28 所示。

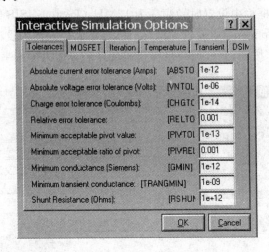

图 3-28 "Interactive Simulation Options"对话框

在对话框中,用户可以通过选择不同的选项卡进一步对仿真电路进行设置。

在 Proteus ISIS 界面中,单击仿真按钮图标 ▶ ,系统全速启动仿真,此时在 ISIS 窗口中出现红灯闪烁点亮的仿真现象。仿真电路用不同颜色表示线电压,用箭头表示线电流方向。图 3-29 所示为电路的仿真片段。单击仿真按钮图标 ■ ,可停止仿真。单击暂停仿真按钮图标 ‖ ,可进入 Proteus ISIS 调试环境。

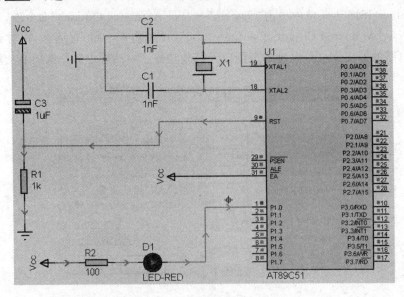

图 3-29 示例电路仿真片段

3.3　实验项目

实验 1　I/O 输出驱动继电器实验

1. 实验目的

（1）以示例汇编语言源程序为蓝本，学习及掌握 Proteus ISIS 文件、查看、编辑、库、工具、设计、源文件、调试等常用菜单的使用和操作。

（2）学习 I/O 输出控制方法和继电器原理。

2. 实验设备

PC 系列微机及相关软件。

3. 实验内容及要求

（1）开启 PC 机，启动 Keil Cx51 软件进入 μVision3 集成开发环境，确认 AT89C51 处于软件仿真状态。

（2）在 μVision3 开发平台上输入示例程序。

（3）实验示例程序：

```
        ORG     0000H
        AJMP    MAIN
        ORG     0030H
MAIN：   MOV     SP,#53H
LOOP：   MOV     P0,#0FFH
        LCALL   DELAY
        MOV     P0,#0FCH
        LCALL   DELAY
        LJMP    LOOP
DELAY：  MOV     R6,#200
D1：     MOV     R7,#248
        DJNZ    R7,$
        DJNZ    R6,D1
        RET
        END
```

（4）在 μVision3 开发平台上完成程序的编辑、编译、链接和调试，生成 hex 文件；打开窗口"Peripherals"→"I/O-Port"→"P0"，单步运行程序，观察窗口的数值变化。

（5）启动 Proteus ISIS 开发平台，搭建电路。

(6)实验 1 示例电路如图 3-30 所示。

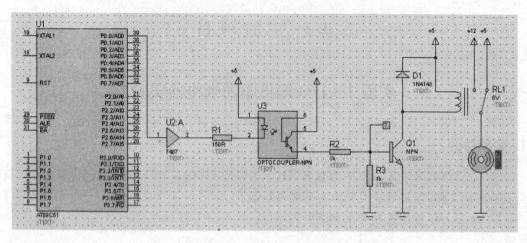

图 3-30　实验 1 示例电路图

(7)双击单片机模块,加载在 Keil 中已调试成功的 hex 文件,全速运行程序,观察继电器的发光二极管的亮、灭变化,并由直流电机转动情况确定继电器动作与 I/O 输出电平的关系。

(8)若程序执行出现错误,可用单步或断点分段调试,排除程序错误直到正确为止。

(9)观察和记录实验结果,完成实验报告。

4. 实验预习要求

(1)详细阅读、掌握本书"第 1 章　Keil Cx51 集成开发工具(IDE)"和"第 3 章 PROTEUS 仿真工具"等内容。

(2)了解本次实验的内容及步骤,以期在充分准备的情况下开始实验。

(3)实验开始前,应将预习情况告知实验指导老师,准备接受检查或提问。实验指导老师许可后才可开始实验。

5. 实验报告要求

(1)按实验顺序,记录实验与检查的结果。

(2)写出实验中所遇到的问题和解决过程,写出本次实验体会及对实验的改进意见。

实验 2　PC 机串口通信实验

1. 实验目的

(1)学习单片机串口的使用方法。

(2)以示例汇编语言源程序为蓝本,学习及掌握 Proteus ISIS 文件、查看、编辑、库、工具、设计、源文件、调试等常用菜单的使用和操作。

2. 实验设备

PC 系列微机及相关软件。

3. 实验内容及要求

(1)开启 PC 机,启动 Keil Cx51 软件进入μVision3 集成开发环境,确认 AT89C51 处于软件仿真状态。

(2)在μVision3 开发平台上输入示例程序。

(3)实验示例程序:

```
            ORG     0000H
            LJMP    MAIN
            ORG     0023H
            LJMP    INT_UART
            ORG     0030H
            MAIN:
            MOV     SP,#53H
START:      JB      P1.4,START
            LCALL   INIT
            LJMP    $
INIT:       MOV     PCON,#80H
            MOV     TMOD,#20H
            MOV     SCON,#50H
            MOV     TH1,#0FDH
            MOV     TL1,#0FDH
            CLR     RI
            CLR     TI
            SETB    ES
            SETB    EA
            RET
INT_UART:   CLR     ES
            JNB     RI,SOUT
            AJMP    SIN
SOUT:       CLR     TI
            AJMP    NEXT
SIN:        MOV     A,SBUF
            CLR     RI
            MOV     SBUF,A
NEXT:       SETB    ES
            RETI
```

END

（4）在µVision3 开发平台上完成程序的编辑、编译、链接和调试，生成 hex 文件。

（5）启动 Proteus ISIS 开发平台，搭建电路。

（6）实验 2 示例电路如图 3 - 31 所示。

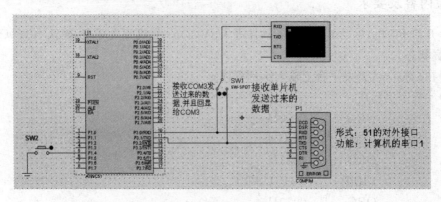

图 3 - 31　实验 2 示例电路图

　　（7）双击单片机模块，加载在 Keil 中已调试成功的 hex 文件，打开 PC 机的超级终端，设置波特率 9600、数据位 8、无流控、无校验等信息，PC 机全速运行实验程序，当按下 SW2 按键时，在超级终端里输入可显示字符，观察超级终端的显示；按 SW1 按键，选择接收单片机发送数据或者 COM3 发送过来的数据，并回显给 COM3。

　　（8）若程序执行出现错误，可用单步或断点分段调试，排除程序错误直到正确为止。

　　（9）观察和记录实验结果，完成实验报告。

4. 实验预习要求

　　（1）详细阅读、掌握本书"第 1 章　Keil Cx51 集成开发工具（IDE）"和"第 3 章 PROTEUS 仿真工具"等内容。

　　（2）了解本次实验的内容及步骤，以期在充分准备的情况下开始实验。

　　（3）实验开始前，应将预习情况告知实验指导老师，准备接受检查或提问。实验指导老师许可后才可开始实验。

5. 实验报告要求

　　（1）按实验顺序，记录实验与检查的结果。

　　（2）写出实验中所遇到的问题和解决过程，写出本次实验体会及对实验的改进意见。

实验 3　PWM 发生器实验

1. 实验目的

　　（1）学习利用定时器和 I/O 产生 PWM 的方法。

　　（2）掌握 ADC0809 的工作原理和使用方法。

（3）以示例汇编语言源程序为蓝本，学习及掌握 Proteus ISIS 文件、查看、编辑、库、工具、设计、源文件、调试等常用菜单的使用和操作。

2. 实验设备

PC 系列微机及相关软件。

3. 实验内容及要求

（1）开启 PC 机，启动 Keil Cx51 软件进入μVision3 集成开发环境，确认 AT89C51 处于软件仿真状态。

（2）在μVision3 开发平台上输入示例程序。

（3）实验示例程序：

```
ADC         EQU        35H
PWMH        EQU        37H
PWML        EQU        36H
CLOCK       BIT        P2.4
ST          BIT        P2.5
EOC         BIT        P2.6
OE          BIT        P2.7
PWM         BIT        P3.7
            ORG        00H
            SJMP       START
            ORG        0BH
            LJMP       INT_T0
START：      MOV        TMOD,#02H
            MOV        TH0,#0FFH
            MOV        TL0,#00H
            MOV        IE,#82H
            SETB       TR0
WAIT：       CLR        ST
            SETB       ST
            CLR        ST
            JNB        EOC,$
            SETB       OE
            MOV        ADC,P1
            CLR        OE
            MOV        A,ADC
            MOV        PWML,A
            CPL        A
            ADD        A,#1
```

```
            MOV      PWMH,A
            SJMP     WAIT
INT_T0：    JNB      PWM,SGAO
            CLR      PWM
            MOV      TH0,PWML
            MOV      TL0,PWML
            RETI
SGAO：      SETB     PWM
            MOV      TH0,PWMH
            MOV      TL0,PWMH
            RETI
DELAY：MOV  R6,#1
D1：        DJNZ     R6,D1
            DJNZ     Acc,D1
            RET
            END
```

(4)在 μVision3 开发平台上完成程序的编辑、编译、链接和调试,生成 hex 文件。

(5)启动 Proteus ISIS 开发平台,搭建电路。

(6)实验 3 示例电路如图 3-32 所示。

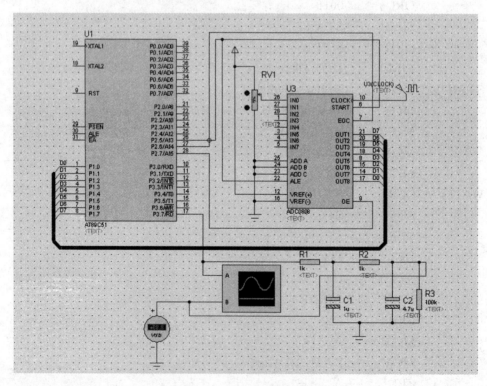

图 3-32 实验 3 示例电路图

（7）双击单片机模块，加载在 Keil 中已调试成功的 hex 文件，全速运行程序，观察示波器的单片机的 $P_{3.7}$ 口的波形，并观察电压表数值的情况。定时器产生中断的定时时间是 PWM 波形占空比调整的最小单位，即分辨率。它在定时器中断服务程序中对中断计数，控制 I/O 电平的翻转。

（8）若程序执行出现错误，可用单步或断点分段调试，排除程序错误直到正确为止。

（9）观察和记录实验结果，完成实验报告。

4. 实验预习要求

（1）详细阅读、掌握本书"第 1 章　Keil Cx51 集成开发工具（IDE）"和"第 3 章 PROTEUS仿真工具"等内容。

（2）了解本次实验的内容及步骤，以期在充分准备的情况下开始实验。

（3）实验开始前，应将预习情况告知实验指导老师，准备接受检查或提问。实验指导老师许可后才可开始实验。

5. 实验报告要求

（1）按实验顺序，记录实验与检查的结果。

（2）写出实验中所遇到的问题和解决过程，写出本次实验体会及对实验的改进意见。

实验 4　基于 DS18B20 数字温度计实验

1. 课题概述

随着人们生活水平和科学技术发展水平的不断提高，温度的测量在日常生活、工业生产和科研工作中愈发重要。目前温度计的发展很快，已从原始的玻璃管温度计发展到现在的热电阻温度计、热电偶温度计、数字温度计等等。数字温度计与传统的温度计相比，其读数更方便，测温范围更广，测温更准确。目前输出温度采用数字显示，在对测温要求比较准确的场所或科研实验室已得到广泛应用。

2. 工作原理和设计要求

（1）工作原理

从温度传感器 DS18B20 可以很容易直接读取被测温度值，进行转换即满足设计要求。

DS18B20 温度传感器是美国 DALLAS 半导体公司最新推出的一种改进型智能温度传感器，与传统的热敏电阻等测温元件相比，它能直接读出被测温度，并且可根据实际要求通过简单的编程实现 9 至 12 位的数字读数方式。

DS18B20 的性能如下：

① 独特的单线接口仅需要一个端口引脚进行通信。

② 多个 DS18B20 可以并联在串行传输的数据线上，实现多点组网功能，无需外部器件。

③ 可通过数据线供电,电压范围为 $3.0 \sim 5.5V$。

④ 零待机功耗。

⑤ 温度以 9 至 12 位的数字读数方式。

⑥ 用户可定义报警设置。

⑦ 报警搜索命令识别并标识超过程序限定温度(温度报警条件)的器件。

⑧ 负电压特性,电源极性接反时,温度计不会因发热而烧毁,但不能正常工作。

⑨ 采用 3 引脚 PR-35 封装或 8 引脚 SOIC 封装。

(2)设计要求

本实验要求利用数字温度传感器 DS18B20 与单片机结合来测量温度。利用数字温度传感器 DS18B20 测量温度信号,计算后在 LED 数码管上显示相应的温度值。其温度测量范围为 $-55℃ \sim 125℃$,精确到 $0.5℃$。数字温度计所测量的温度采用数字显示,控制器使用单片机 AT89C51,测温传感器使用 DS18B20,用 3 位共阳极 LED 数码管以串口传送数据实现温度显示。

第 4 章　ZY15MCU12BC2 实验平台

4.1　实验平台概述

ZY15MCU12BC2 单片机实验箱是专为单片机的教学工作开发的。同时具有应用与开发的双重功能,既可用作用户目标机,也可用作开发系统。随着学校单片机教学的逐步深入,在不同阶段,可发挥不同的作用。

首先,实验箱内置有仿真器,配有监控程序,集硬件设计开发与软件编程调试于一体,学生可在此条件下直接通过串口线与 PC 机连接成调试机,进行软件编程及调试实验,使学生在学习单片机指令的初期就能上机实验,从而加强学习的直观性,提高学生的学习兴趣。

其次,学生还可以在不用烙铁的情况下,只用接插件与单插件,就能灵活、快速地组成单片机系统扩展及常用接口的各类硬件电路,进行独立模块的功能性验证实验,并通过调试配用程序使学生课堂理论学习得以巩固和深入。同时,实验平台具有良好的开发性,各模块相对独立,学生也可自行连线,将若干模块组合,完成单片机应用的综合性实验,其新颖的结构锻炼了学生的动手能力和设计能力。

再次,实验平台还具有良好的开放性,所带实验程序均可移植,可方便地组成实际的单片机应用系统,因此,也适合科研或开发人员使用,还可满足后继如单片机课程设计、毕业设计阶段教学环节的需要。

最后,该实验装置的灵活组合及扩展功能特别适用于实验室开放、供学生自选或自行设计实验内容,以促进学生提高学习质量,培养学生的创新能力和动手实践能力。

4.2　实验平台结构

ZY15MCU12BC2 单片机实验箱的逻辑模块结构如图 4 - 1 所示。

4.2.1　仿真插座和总线信号

ZY15MCU12BC2 型实验箱自带仿真器,只需要通过 RS - 232 串行总线将仿真串口与 PC 机串口相连即可,此时实验箱的开关 KF 必须拨至 A 端;另外,也可直接与其他各类 MCS - 51 的仿真器相连,此时 KF 必须拨至 B 端且将单片机 AT89C51 取下,换上仿真器插头,这时 P_0 口为地址/数据总线分时复用口,地址总线 $A_0 \sim A_7$ 和数据总线 $D_0 \sim D_7$,ALE 为地址锁存器信号,P_2 口为高 8 位地址 $A_8 \sim A_{15}$ 输出口,$P_{3.6}$ 为数据存储器的写信号 $\overline{WR}$,$P_{3.7}$

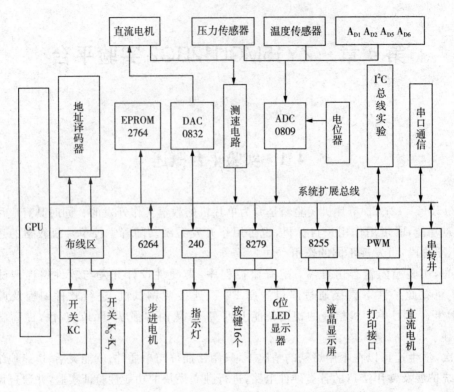

图 4-1 ZY15MCU12BC2 单片机实验箱的逻辑模块结构图

为数据存储器的读信号$\overline{RD}$,$\overline{PSEN}$为外部程序存储器的读信号,程序存储器和外部数据存储器均为 64KB 存储器。此外,在步线区还提供了 CPU 的 $P_0 \sim P_3$ 口的输出端,供实验时连接使用(注:$D_0 \sim D_7$ 即为 $P_{0.0} \sim P_{0.7}$)。

4.2.2 外部接口电路的地址分配

ZY15MCU12BC2 型实验平台有 2764EPROM 程序存储器一片,供用户自行固化应用实验程序。此外,还有 8255、0809、0832、8279 等扩展 I/O 口。I/O 口的地址译码方式如下:

(1)CS89 为 0809 的片选信号;CS32 为 0832 的片选信号;CS55 为 8255 的片选信号;CS279 为 8279 的片选信号;CS646 为 RAM6264 的片选信号;KC 为译码控制开关。

(2)开关 KC 接至(上)高电平时,4066(U6)多路开关将 CS32、CS89、CS55 接至 Y_3、Y_4、Y_5,4966(U5)多路开关将 CS279、CS646 接至 Y_2、Y_0。因此,8255、0809、0832 的片选信号为 138 译码器的输出信号,这些芯片的地址分别为 A000H～BFFFH、8000H～9FFFH、6000H～7FFFH,而 8279 的命令口地址为 4100H～5FFFH,而其数据口地址为 4000H～5EFFH,6264 的地址为 0000H～1EFFH。

3. 控制开关 KC 接至(下)低电平时,8255、0809、0832、8279、6264 的片选信号都接至拉高电阻为高电平,供用户自行进行地址空间的重新分配。地址译码可按线选法进行,也可按译码法进行,地址由译码器输入端连接到高位地址线确定。ZY15MCU12BC2 型实验箱的 I/O 地址译码电路如图 4-2 所示。

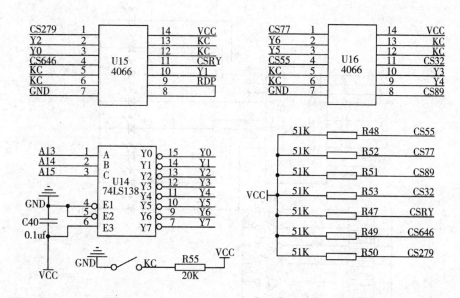

图 4-2　ZY15MCU12BC2 型实验箱的 I/O 地址译码电路示意图（译码法、线选法）

4.2.3　实验模块电路图

ZY15MCU12BC2 型实验箱由 10 个相对独立又有机结合的模块构成,形成一个 MCS-51 的特殊扩展系统。实验模块是:CPU 最小系统（8031＋373＋2764）、74LS64 和指示灯 L_8～L_{15}、步进电机、0832 和直流电机、0809 和温度测量及压力测量模块、8279 和键盘及 LED 显示器、8255 和打印机接口、外部 RAM6264、开关 K_0～K_7、指示灯和布线区。这些模块既可单独做实验,又可合在一起做系统软、硬件实验,此外,系统灵活的布线也可做各种 MCS-51 单片机的 I/O 接口应用实验。有关实验的电路原理图见图 4-3～图 4-13 所示。

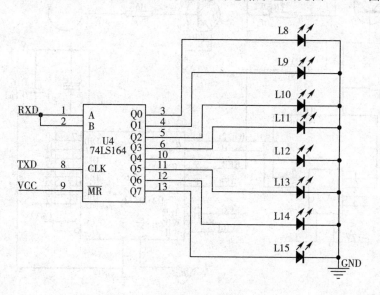

图 4-3　串转并实验电路示意图

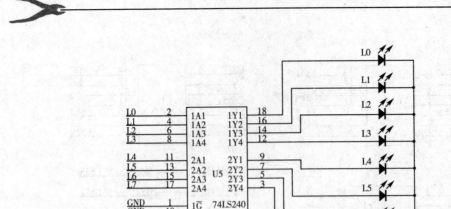

图 4 - 4 开关和指示灯实验电路示意图

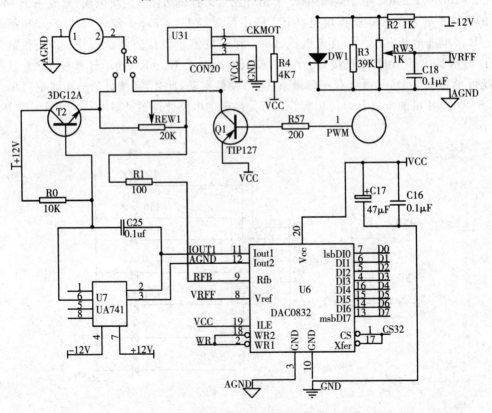

图 4 - 5 DAC0832 及直流电机实验电路示意图

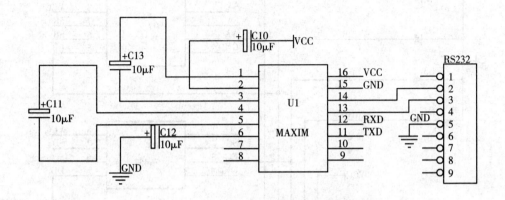

图 4-6 串口通信实验电路示意图

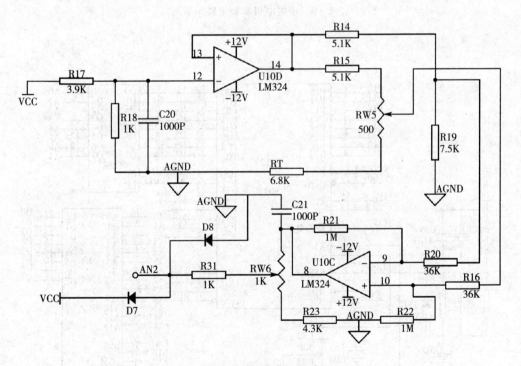

图 4-7 温度测量实验电路示意图

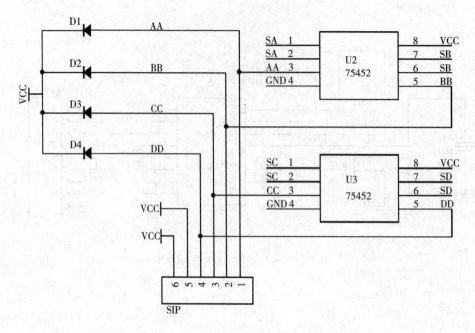

图 4-8　步进电机实验电路示意图

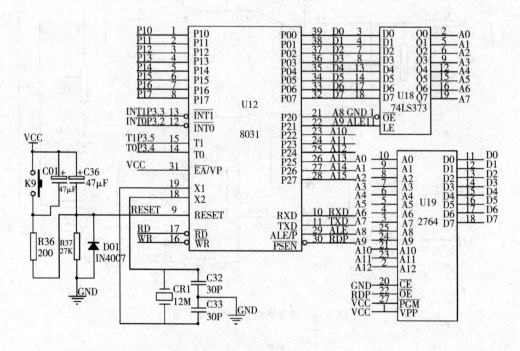

图 4-9　单片机最小系统资源示意图

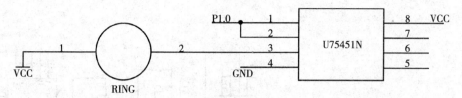

图 4-10 响铃实验电路示意图

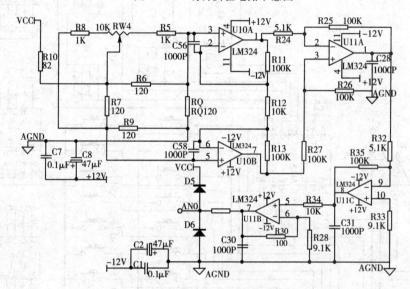

图 4-11 压力测量(电子秤原理)实验电路示意图

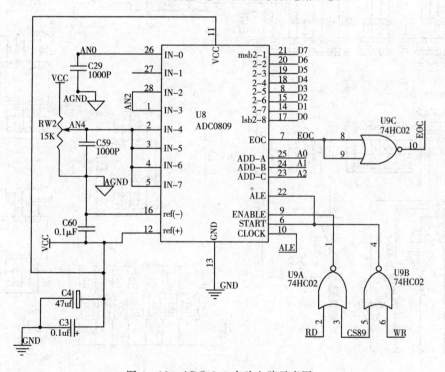

图 4-12 ADC0809 实验电路示意图

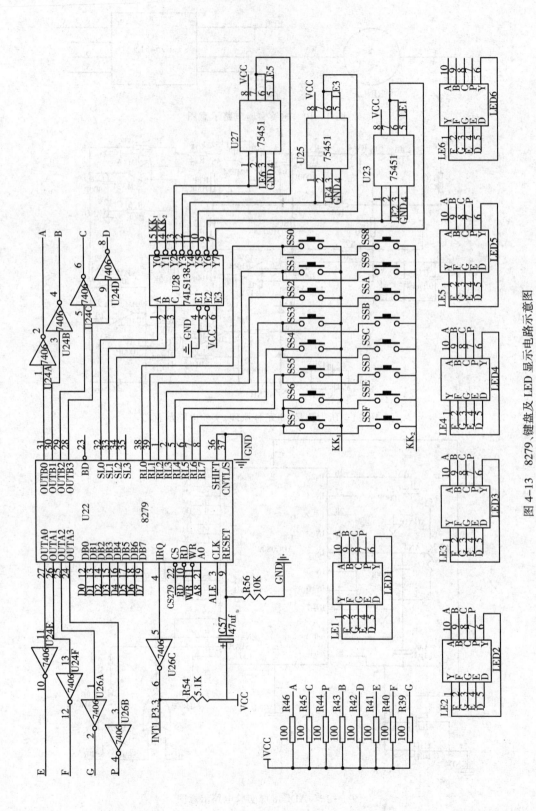

图 4-13 8279、键盘及 LED 显示电路示意图

在 CPU 资源实验区中给出了各硬件模块中的常用信号,这些信号供用户在使用线选法进行地址译码时产生各接口芯片的片选信号时使用,或在完成单片机的 I/O 接口应用实验时使用。CN_1 中的 INTRB 为 8255 的 PC 口的 PC_0;AN_4 是 0809 的第 4 模拟输入通道 IN_4,也是电压取样电位器的中心头测试端,其他为提供给实验仪的电源电压引出端;CN_2 中的 $K_0 \sim K_7$ 为 8 个开关输出端,随开关状态变化;CN_3 是 P_2 口资源引出端;CN_4 为 P_0 口的引出端;CN_5 为 P_1 口引出端;CN_6 中的 EOC 为 0809 的 EOC 引脚,供温度、压力输出信号测量用;AN_0、AN_2 是 0809 的模拟输入通道 IN_0、IN_2,分别输入压力、温度的电压信号;SA~SD 为步进电机马达驱动器输入端,做步进马达实验时,SA:$P_{1.0}$、SB:$P_{1.1}$、SC:$P_{1.2}$、SD:$P_{1.3}$;CN_7 为 P_3 口引出端;CN_8 中有 8255 的片选信号 CS55,0809 的片选信号 CS89 和 0832 的片选信号 CS32,供线选法实验用;CKMOT 是电机转速的输出信号,应接单片机的 $P_{3.2}$ 引脚;CN_9 的 $L_0 \sim L_7$ 为 8 个发光二极管驱动器的输入端,当输入端为低电平时,发光二极管点亮,供单片机的 P_1 口等应用实验用;另有 8279 的片选信号 CS279 及外部数据存储器的片选信号 CS646。

4.3　实验注意事项

本章安排了 I/O 接口、系统扩展及应用等项实验,本章实验是第 2 章实验的后续内容,承前启后,使学生的学习内容与后续的课程设计、毕业设计以及科研课题、技术服务项目等衔接起来,因此十分重要。本章实验为本课程实验的重点,将对学生理论联系实际,硬件、软件融会贯通,学以致用,提高能力起到显著作用。

实验注意事项如下:

(1)必须充分预习。实验前应认真领会各实验的实验目的、实验内容、复习教材的有关章节,仔细分析实验的硬件电路、软件程序和实验操作步骤,然后有准备地投入实验,力争取得最大的收获。本书在本章后面列有各实验的硬件连接简图与参考程序,这仅供参考、核对,不宜盲目搬用。切忌实验时似懂非懂,生搬硬套,草草过场。

(2)要爱护实验装置。ZY15MCU12BC2 单片机实验开发装置的主导思想是要学生独立连线,以组合成实验需要的单片机系统,要教育学生文明操作,尽量避免不必要的损坏。

(3)提倡深入钻研。每一实验如认真完成实验内容和实验报告的要求,甚至进一步进行研究,是有丰富的工作内容的,应鼓励学生深入钻研,以得到更充分的锻炼和更大的提高。本章实验可以不用开发装置而单用实验箱完成,也可以使用开发装置,以期在开发工具的支持下能方便地修改程序,拓宽实验内容,把实验做得更透更深。

(4)教师加强指导。学生实验收获的大小,与教师的要求与指导有很大关联。由于在ZY15MCU12BC2 单片机实验装置上连线简单明了,教师的查线任务不重,在有标准程序时,完成实验步骤、得出应有实验结果的过程也较快。因此,指导教师工作的重点要放在检查学生预习、组织学生讨论、启发学生思考、引导学生钻研等环节上。实验教学较之课堂教学教师能更多地接触学生、了解学生,从而能更好地指导学生。要求学生除了很好地完成实验任务外,还要注意形成良好的工作作风,锻炼自己独立思考、独立工作的能力,德才兼备。

4.4 实 验 项 目

实验1 定时器应用实验

1. 实验目的

(1)掌握μVision3系统硬件仿真操作步骤。

(2)熟悉ZY15MCU12BC2实验箱,掌握实验箱内拨位开关KF、KC的使用方法。

(3)学习掌握51系列单片机内部定时器/计数器的编程方法。

(4)学习掌握编写中断服务程序的方法。

2. 实验设备

(1)ZY15MCU12BC2单片机实验开发装置1台。

(2)PC系列微机及相关软件。

3. 实验内容及要求

(1)使用串行通信电缆将实验箱与PC机相连,将实验箱的控制开关KC接至高电平(上位置),拨位开关KF接至A端。

(2)开启PC机及实验箱,启动Keil μVision3集成开发环境,确认AT89C51处于硬件仿真状态。

(3)编写程序,实现用内部定时器T_0的定时中断控制软件计数,使计数器从0开始以1s的速度十进制加1计数,LED显示器实时显示计数值。

(4)实验程序框图如图4-14所示。

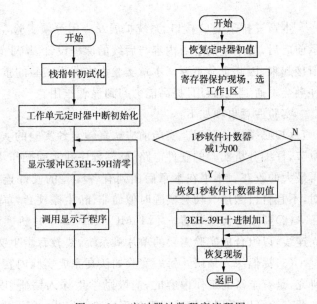

图4-14 定时器计数程序流程图

(5)实验参考程序:

```
        DBUF    EQU 30H
        ORG     0000H
STRT: LJMP    MAIN
        ORG     000BH
        LJMP    PTF00
        ORG     0030H
```

```
MAIN:   MOV     DPTR,#5FFFH
        MOV     A,#0DCH
        MOVX    @DPTR,A
LP:     MOVX    A,@DPTR
        JNB     Acc.7,LP
        MOV     A,#00H
        MOVX    @DPTR,A
        MOV     A,#34H
        MOVX    @DPTR,A
        MOV     SP,#60H
        MOV     R0,#39H
        MOV     R7,#06H
ML1:    MOV     @R0,#00H
        INC     R0
        DJNZ    R7,ML1
        MOV     TMOD,#01H
        MOV     TL0,#06H
        MOV     TH0,#06H
        SETB    TR0
        MOV     IE,#82H
        MOV     40H,#10H
ML0:    LCALL   DIR
        LJMP    ML0
PTF00:  PUSH    PSW
        PUSH    Acc
        SETB    PSW.3
        MOV     TL0,#06H
        MOV     TH0,#06H
        MOV     A,40H
        DEC     A
        MOV     40H,A
        JNZ     PTFY
        MOV     40H,#10H
        MOV     R0,#39H
        MOV     R7,#6
PTFX:   MOV     A,@R0
        ADD     A,#1
        DA      A
        MOV     @R0,A
```

```
              CJNE      A,#0AH,$+3
              JC        PTFY
              MOV       @R₀,#0
              INC       R₀
              DJNZ      R₇,PTFX
    PTFY：     POP       Aᴄᴄ
              POP       PSW
              RETI
    DIR：      MOV       R₃,#06H
              MOV       A,#92H
              MOV       DPTR,#5FFFH
              MOVX      @DPTᵣ,A
              MOV       R₁,#39H
    TY₁₁：     MOV       A,@R₁
              MOV       DPTR,#CODE₁
              MOVC      A,@A+DPTR
              MOV       DPTR,#5EFFH
              MOVX      @DPTR,A
              INC       R₁
              DJNZ      R₃,TY₁₁
              RET
    CODE₁：    DB 0C0H,0F9H,0A4H,0B0H,99H
              DB 92H,82H,0F8H,80H,90H,88H
              DB 83H,0C6H,0A1H,86H,8EH,8CH
              DB 0C1H,89H,0C7H,0BFH,91H
              DB 00H,0FFH
              END
```

(6)在 μVision3 开发平台上完成程序的编辑、编译、链接。阅读并分析实验程序,写出定时器 T_0 工作方式、TH_0 和 TL_0 的初值以及一次定时中断的时间,计数器初值工作单元,显示缓冲区的地址。

(7)调试、运行实验程序并观察实验箱 LED 显示器状态。修改定时器 TH_0 和 TL_0 的初值或工作方式,修改软件(控制 1s)计数器(RAM 单元)初值,使显示器以 1s 速率十进制加 1。对定时器 T_0 初值及工作方式的设置,还可以在 μVision3 开发平台上进入定时器 T_0 外围接口界面后直接在 Timer/Counter 0 对话框中设定,当 Periodic 菜单选项 Window Updata 被选中时,在 Timer/Counter 0 对话框中可观察到程序运行时定时器 TH_0 和 TL_0 的值也在快速变化。

(8)实验结束,将实验箱整理复原。

4. 实验预习要求

(1)仔细阅读实验教程第 1 章的内容,掌握 μVision3 开发工具的使用。

（2）详细阅读、理解本次实验的内容。

（3）掌握 51 系列单片机内部定时器的工作原理及程序设计方法。

（4）仔细阅读理解实验参考程序。

5. 实验报告要求

（1）按实验顺序,记录实验与检查的结果。

（2）实验程序框图。

（3）总结并写出实验过程中遇到的问题和解决方法,写出实验中调试程序的经验以及对实验的改进意见。

实验 2　广告灯实验

1. 实验目的

（1）熟悉 ZY15MCU12BC2 实验箱上的资源,学会选用其功能电路连接成实验需要的应用系统电路。

（2）加深了解 MCS - 51 系列单片机 P_1 端口的应用方法。

（3）学习编写单片机内部定时器和并行接口应用程序。

2. 实验设备

（1）ZY15MCU12BC2 单片机实验开发装置 1 台。

（2）PC 系列微机及相关软件。

3. 实验内容及要求

（1）同实验 1。

（2）同实验 1。

（3）按实验电路"图 4 - 4　开关和指示灯实验电路示意图"连接硬件线路,将实验箱上的发光二极管 $L_0 \sim L_7$ 分别与单片机 P_1 口的 $P_{1.0} \sim P_{1.7}$ 相连。

（4）编写实验程序,实现从 P_1 口输出信号驱动发光二极管 $L_0 \sim L_7$ 模拟外界广告灯动态点亮的功能。

（5）实验参考程序:

```
          ORG     0000H
          LJMP    MAIN
          ORG     0030H
MAIN：MOV     DPTR,＃TAB
          MOV     R5,＃71H
          MOV     R2,＃00H
LOOP：MOV     A,R2
```

```
        MOVC    A,@A+DPTR
        MOV     P₁,A
        ACALL   DELAY
        ACALL   DELAY
        INC     R₂
        DJNZ    R₅,LOOP
        LJMP    MAIN
DELAY:  MOV     R₇,#00H
        MOV     R₆,#00H
DE：     DJNZ    R₇,$
        DJNZ    R₆,DE
        RET
TAB：    DB 0FEH,0FDH,0FBH,0F7H,0EFH,0DFH,0BFH,7FH
        DB 0FFH,7FH,0BFH,0DFH,0EFH,0F7H,0FBH,0FDH
        DB 0FEH,0FFH,0FEH,0FCH,0F8H,0F0H,0E0H,0C0H
        DB 80H,00H,80H,0C0H,0E0H,0F0H,0F8H,0FCH
        DB 0FEH,0FFH,7FH,3FH,1FH,0FH,07H,03H
        DB 01H,00H,01H,03H,07H,0FH,1FH,3FH
        DB 7FH,0FFH,7EH,3CH,18H,00H,18H,3CH
        DB 7EH,0FFH,0FEH,0FCH,0FCH,0F9H,0F3H,0E7H
        DB 0CFH,9FH,3FH,7FH,0FFH,7FH,3FH,9FH
        DB 0CFH,0E7H,0F3H,0F9H,0FCH,0FEH,0FFH
        DB 0FEH,0FCH,0F8H,0F0H,0E0H,0C0H,80H,00H
        DB 80H,40H,20H,10H,08H,04H,02H,01H,00H
        DB 01H,02H,04H,08H,10H,20H,40H,80H,00H
        DB 80H,0C0H,0E0H,0F0H,0F8H,0FCH,0FEH,0FFH
        END
```

（6）在 μVision3 开发平台上输入程序，编译、链接程序，调试通过后运行程序并观察 L₀～L₇ 广告灯状态。

（7）修改程序：采用单片机内部定时器实现广告灯的流水延时功能（延时 1s），并将广告灯状态循环下去。

（8）实验结束，拆除接线，将一切整理复原。

4. 实验预习要求

（1）认真阅读、理解实验指导书，领会本次实验的目的、要求与实验内容。

（2）复习教材中的相关内容，以期在充分准备的情况下开始实验。

（3）根据实验内容准备好实验程序，并将预习情况告知实验指导老师，准备接受检查或提问。在实验指导老师许可后，才可开始实验。

5. 实验报告要求

(1)按实验顺序,记录实验与检查的结果。

(2)画出实验程序框图,列出实验程序清单。

(3)写出实验结果、实验体会及对实验的改进意见。

实验 3　P₁ 端口应用实验

1. 实验目的

(1)进一步熟悉 ZY15MCU12BC2 实验箱上的资源,掌握实验箱内拨位开关 KF、KC 的使用方法。

(2)加深了解 MCS-51 单片机 P_1 端口的应用方法。

(3)学习编写单片机接口应用程序。

2. 实验设备

(1)ZY15MCU12BC2 单片机实验开发装置 1 台。

(2)PC 系列微机及相关软件。

3. 实验内容及要求

(1)同实验 1。

(2)同实验 1。

(3)按实验电路"图 4-4　开关和指示灯实验电路示意图"连接硬件线路,将实验箱上的指示灯 $L_0 \sim L_3$ 接到单片机 P_1 口的 $P_{1.0} \sim P_{1.3}$,开关 $K_0 \sim K_3$ 接到 $P_{1.4} \sim P_{1.7}$。

(4)编写实验程序,实现如下功能:

K_3	K_2	K_1	K_0	L_3　L_2　L_1　L_0
0	0	0	0	
0	0	0	1	全亮
0	0	1	0	全暗
0	0	1	1	一灯亮其余灯暗并左环移
0	1	0	0	一灯亮其余灯暗并右环移
0	1	0	1	一灯暗其余灯亮并左环移
1	×	×	×	一灯暗其余灯亮并右环移

指示灯与开关状态关系:开关 K_i 为 0 时,指示灯 L_i 点亮。

要求:① 40H 单元为标志单元,(40H)= 0 时开关状态无变化,(40H)= FFH 时开关状态发生变化;② 41H 单元为开关状态缓冲器,读入开关状态和 41 H 单元内容比较,相同时开关状态无变化,不同时开关状态有变化;③ 42H 单元为当前指示灯状态。

(5)实验参考程序:

```
              ORG      0000H
              LJMP     START
              ORG      0030H
START:MOV              A,P1
              SWAP     A
              ANL      A,#0FH
              MOV      41H,A
              MOV      40H,#0FFH
MLP0:  CJNE            A,#6,$+3
              JNC      PK6
              MOV      DPTR,#CTAB
              MOV      R1,A
              RL       A
              ADD      A,R1
              JMP      @A+DPTR
CTAB:  LJMP            PK0
              LJMP     PK1
              LJMP     PK2
              LJMP     PK3
              LJMP     PK4
              LJMP     PK5
PK6:   MOV             42H,A
              LJMP     MLP1
PK5:   MOV             A,40H
              CJNE     A,#0FFH,PK51
              MOV      42H,#01
              LJMP     MLP1
PK51:  MOV             A,42H
              LCALL    RR7
              ANL      A,#0FH
              JNZ      PK52
              MOV      A,#1
PK52:  MOV             42H,A
              LJMP     MLP1
PK4:   MOV             A,40H
              CJNE     A,#0FFH,PK41
```

```
              MOV     42H,#1
              LJMP    MLP₁
PK₄₁:         MOV     A,42H
              LCALL   RL₉
              ANL     A,#0FH
              JNZ     PK₄₂
              MOV     A,#1
PK₄₂:         MOV     42H,A
              LJMP    MLP₁
PK₃:          MOV     A,40H
              CJNE    A,#0FFH,PK₃₁
              MOV     42H,#0FEH
              LJMP    MLP₁
PK₃₁:         MOV     A,42H
              LCALL   RR₇
              ANL     A,#0FH
              CJNE    A,#0FH,PK₃₂
              MOV     A,#0FEH
PK₃₂:         ORL     A,#0F0H
              MOV     42H,A
              LJMP    MLP₁
PK₂:          MOV     A,40H
              CJNE    A,#0FFH,PK₂₁
              MOV     42H,#0FEH
              LJMP    MLP₁
PK₂₁:         MOV     A,42H
              RL      A
              ANL     A,#0FH
              CJNE    A,#0FH,PK₂₂
              MOV     A,#0FEH
PK₂₂:         ORL     A,#0F0H
              MOV     42H,A
              LJMP    MLP₁
PK₁:          MOV     42H,#0FH
              LJMP    MLP₁
PK₀:          MOV     42H,#0
MLP₁:         MOV     A,42H
              ORL     A,#0F0H
              MOV     P₁,A
```

```
            MOV     R7,#0
            MOV     R6,#0
DEL1:       DJNZ    R6,DEL1
            DJNZ    R7,DEL1
            MOV     A,P1
            SWAP    A
            ANL     A,#0FH
            CJNE    A,41H,MLP2
            MOV     40H,#0
            LJMP    MLP0
MLP2:       MOV     41H,A
            MOV     40H,#0FFH
            LJMP    MLP0
RR9:        RR      A
            RR      A
RR7:        RR      A
            RR      A
            RR      A
            RR      A
            RR      A
            RR      A
            RR      A
            RET
RL9:        RL      A
            RL      A
RL7:        RL      A
            RL      A
            RL      A
            RL      A
            RL      A
            RL      A
            RL      A
            RET
            END
```

（6）在μVision3 开发平台上输入程序，编译、链接程序。

（7）运行程序实现所要求的功能并观察结果：根据准双向口的特性，对 P_1 口进行写操作，使 LED 灯 $L_0 \sim L_3$ 的状态随写入 $P_{1.0} \sim P_{1.3}$ 的内容变化而变化，读 P_1 口的高 4 位 $P_{1.4} \sim P_{1.7}$，读出内容随开关 $K_0 \sim K_3$ 的状态变化而变化。如不对，则断开开关 $K_0 \sim K_3$ 的接线，测量 $K_0 \sim K_3$ 的电平是否随开关状态而变化。

（8）实验结束,拆除接线,将一切整理复原。

4. 实验预习要求

（1）认真阅读、理解实验指导书,领会本次实验的目的、要求与实验内容。
（2）复习教材中的相关内容,以期在充分准备的情况下开始实验。
（3）读懂实验程序。

5. 实验报告要求

（1）按实验顺序,记录实验与检查的结果。
（2）画出实验程序框图,列出实验程序清单。
（3）写出实验结果、实验体会及对实验的改进意见。

实验 4　响 铃 实 验

1. 实验目的

（1）掌握 MCS－51 单片机对控制蜂鸣器的工作原理,掌握常用驱动器芯片 75451 的功能及应用。
（2）掌握软件延时程序的设计方法。
（3）掌握使用单片机控制蜂鸣器发出不同声音的编程原理。

2. 实验设备

（1）ZY15MCU12BC2 单片机实验开发装置 1 台。
（2）PC 系列微机及相关软件。

3. 实验内容及要求

（1）同实验 1。
（2）同实验 1。
（3）按实验电路"图 4－10　响铃实验电路示意图"连接硬件线路。
（4）编写实验程序,实现以下功能:
通过采用软件延时方式控制蜂鸣器发出不同声音,即控制蜂鸣器发音的频率（相对）和控制蜂鸣器发音时间的长短（也为相对）。要求用 2 个存储单元来存储控制蜂鸣器的频率参数值和时间参数值。参数值可以如实验参考那样从键盘输入,也可以自行设计程序,在仿真状态下通过存储器窗口直接输入指定的存储单元。
（5）实验参考程序:

```
        ORG     0000H
        LJMP    MAIN
        ORG     0013H
        LJMP    INT1P
```

```
                ORG     0030H
MAIN:           MOV     SP,#60H
                SETB    EX₁
                MOV     DPTR,#5FFFH
                MOV     A,#0DCH
                MOVX    @DPTR,A
LP:             MOVX    A,@DPTR
                JB      A_CC.7,LP
                MOV     A,#00H
                MOVX    @DPTR,A
                MOV     A,#34H
                MOVX    @DPTR,A
                CLR     IT₁
                SETB    EA
                CLR     12H
MLF₀:           LCALL   CDIR
                MOV     R₁,#50H
                MOV     R₇,#2
MLF₂:           LCALL   KEYI
                LCALL   DISDO
                CJNE    R₇,#02H,PPP
                MOV     3EH,#15
                MOV     3DH,#14H
                MOV     3CH,50H
                LCALL   DISY
                SJMP    PP
PPP:            CJNE    R₇,#01H,PP
                MOV     3BH,#12
                MOV     3AH,#14H
                MOV     39H,51H
                LCALL   DISY
PP:             DJNZ    R₇,MLF₂
                MOV     52H,50H
                MOV     53H,51H
LOOP:           CLR     P₁.₀
                LCALL   DELAY
                DJNZ    52H,LOOP
                MOV     52H,50H
LOP₁:           SETB    P₁.₀
```

```
              LCALL   DELAY
              DJNZ    52H,LOP1
              MOV     52H,50H
              DJNZ    53H,LOOP
MLP40:        LCALL   DISY
              LCALL   AKSS
              JZ      MLP40
              LJMP    MLF0
; * * * * * * * * * * * * * * * * * * * * * * * * *
DISDO:        MOV     @R1,A
              INC     R1
              RET
INT1P:        PUSH    ACC
              PUSH    DPH
              PUSH    DPL
              CLR     EA
              MOV     A,#40H
              MOV     DPTR,#5FFFH
              MOVX    @DPTR,A
              MOV     DPTR,#5EFFH
              MOVX    A,@DPTR
              MOV     27H,A
              SETB    12H
              SETB    EA
              POP     DPL
              POP     DPH
              POP     ACC
              RETI

; * * * * * * * * * * * * * * * * * * * * * * * * *
KEYI:         JNB     12H,KEYI
              MOV     A,27H
              ANL     A,#0FH
              CLR     12H
              RET
CDIR:         MOV     R0,#39H
              MOV     R7,#6
CDIQ:         MOV     @R0,#17H
              INC     R0
              DJNZ    R7,CDIQ
```

```
              RET
AKSS：    JNB      12H,AKSS
              RET
DISY：    MOV      R₂,＃06H
              MOV      A,＃92H
              MOV      DPTR,＃5FFFH
              MOVX     @DPTR,A
              MOV      R₀,＃39H
TY₁₁：     MOV      A,@R₀
              MOV      DPTR,＃TABL
              MOVC     A,@A+DPTR
              MOV      DPTR,＃5EFFH
              MOVX     @DPTR,A
              INC      R₀
              DJNZ     R₂,TY₁₁
              RET
DELAY：   MOV      R₆,＃10H
              MOV      R₇,＃10H
DEL：      DJNZ     R₆,$
              DJNZ     R₇,DEL
              RET
TABL：    DB 0C0H,0F9H,0A4H,0B0H,99H
              DB 92H,82H,0F8H,80H,90H,88H
              DB 83H,0C6H,0A1H,86H,8EH,8CH
              DB0C1H,89H,0C7H,0BFH,91H
              DB 00H,0FFH
              END
```

（6）在μVision3 开发平台上输入程序，编译、链接程序。

（7）运行程序实现所要求的功能并观察结果：检查存储单元的参数值与键入的值是否相同（在仿真状态下通过存储器窗口观察指定的存储单元）；观察蜂鸣器发音的频率和发音时间与单片机 $P_{1.0}$ 引脚电平高低的关系；连续输入不同参数值，观察蜂鸣器发音的变化。

（8）实验结束，拆除接线，将一切整理复原。

4. 实验预习要求

（1）认真阅读、理解实验指导书，认真预习图 4-10 响铃实验电路示意图，学习领会本次实验的目的、要求与实验内容。

（2）复习教材中有关软件延时程序的设计方法和 P_1 端口应用等内容。

（3）读懂实验程序。

5. 实验报告要求

(1)按实验顺序,记录实验与检查的结果。

(2)画出实验程序框图,列出实验程序清单。

(3)写出实验结果、实验体会及对实验的改进意见。

实验 5 数据传送和存储器检测实验

1. 实验目的

(1)掌握 8051 单片机内部 RAM 和外部 RAM 的工作原理及使用。

(2)掌握数据传送指令 MOV、MOVX 的使用方法。

(3)学习编写数据块传送程序。

2. 实验设备

(1)ZY15MCU12BC2 单片机实验开发装置 1 台。

(2)PC 系列微机及相关软件。

3. 实验内容及要求

(1)同实验 1。

(2)同实验 1。

(3)将实验箱上控制开关 KF 拨至 A 端,开机使系统进入仿真状态,编写实验程序,实现以下功能:

将 8051 内部 RAM 区 50H～7FH 的数据写入外部 RAM 6000H 单元为首地址的区域中,并检查写入的内容是否正确。

要求:①R_0 为内部 RAM 区的地址指针寄存器,DPTR 为外部 RAM 区的地址指针寄存器,在 R7 中存放数据块的长度;②可以在仿真状态下通过存储器窗口直接输入数据块的内容至内部 RAM 50H～7FH 单元中。

(4)实验参考程序:

```
STRT:   MOV     SP,#60H
        MOV     DPTR,#5FFFH
        MOV     A,#0DCH
        MOVX    @DPTR,A
LP:     MOVX    A,@DPTR
        JB      Acc.7,LP
        MOV     A,#00H
        MOVX    @DPTR,A
        MOV     A,#34H
```

```
                 MOVX    @DPTR,A
                 MOV     R₀,#50H
                 MOV     R₇,#30H
                 MOV     R₅,#0
                 MOV     DPTR,#0000H
       MLP₀:     MOV     A,@R₀
                 MOVX    @DPTR,A
                 ADD     A,R₅
                 MOV     R₅,A
                 INC     R₀
                 INC     DPTR
                 DJNZ    R₇,MLP₀
                 MOV     A,R₅
                 MOVX    @DPTR,A
                 MOV     R₅,#0
                 MOV     R₇,#30H
                 MOV     DPTR,#0000H
       MLP₁:     MOVX    A,@DPTR
                 ADD     A,R₅
                 MOV     R₅,A
                 INC     DPTR
                 DJNZ    R₇,MLP₁
                 MOVX    A,@DPTR
                 XRL     A,R₅
                 JNZ     MLPE
                 LCALL   CDIR
                 MOV     39H,#0DH
                 SJMP    MLP₂
       MLPE:     LCALL   CDIR
                 MOV     39H,#0EH
       MLP₂:     LCALL   DIR
                 SJMP    MLP₂
       DIR:      PUSH    PSW
                 SETB    PSW.₃
                 LCALL   DISY
                 POP     PSW
                 RET
       DISY:     MOV     R₂,#06H
                 MOV     A,#92H
```

```
          MOV      DPTR,#5FFFH
          MOVX     @DPTR,A
          MOV      R₁,#39H
TY11：     MOV      A,@R₁
          MOV      DPTR,#COD
          MOVC     A,@A+DPTR
          MOV      DPTR,#5EFFH
          MOVX     @DPTR,A
          INC      R₁
          DJNZ     R₂,TY11
          RET
COD：      DB 0C0H,0F9H,0A4H,0B0H,99H
          DB 92H,82H,0F8H,80H,90H,88H
          DB 83H,0C6H,0A1H,86H,8EH,8CH
          DB 0C1H,89H,0C7H,0BFH,91H
          DB 00H,0FFH
CDIR：     MOV      39H,#17H
          MOV      3AH,#17H
          MOV      3BH,#17H
          MOV      3CH,#17H
          MOV      3DH,#17H
          MOV      3EH,#17H
          RET
          END
```

（5）实验程序流程图如图 4 - 15 所示。

（6）在 μVision3 开发平台上输入程序，编译、链接程序。

（7）运行程序实现所要求的功能并观察结果。

（8）实验结束，拆除接线，将一切整理复原。

4. 实验预习要求

（1）认真阅读、理解实验指导书并领会本次实验的目的、要求与实验内容。

（2）复习教材中有关 8031 单片机内部 RAM 和外部 RAM 的工作原理

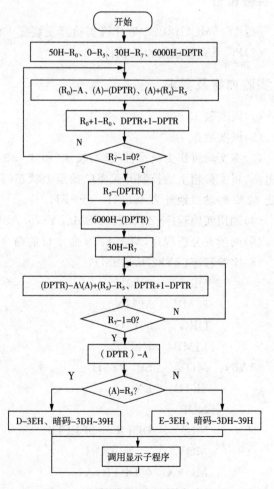

图 4 - 15　数据传送实验程序流程图

及使用方法,以及数据传送指令 MOV、MOVX 使用方法等内容。

（3）编写数据块传送实验程序。

5. 实验报告要求

（1）写出实验程序清单。

（2）写出调试程序中遇到的问题及解决办法。

（3）写出本次实验的心得体会及对实验的改进意见。

实验6　键盘应用实验

1. 实验目的

（1）掌握单片机键盘接口工作原理。

（2）掌握 8279 键盘及显示接口芯片使用。

2. 实验设备

（1）ZY15MCU12BC2 单片机实验开发装置 1 台。

（2）PC 系列微机及相关软件。

3. 实验内容及要求

（1）同实验 1。

（2）同实验 1。

（3）本实验可作为演示性实验,按照"图 4 - 13　8279、键盘及 LED 显示电路示意图"实验电路,将实验箱上的控制开关 KC 拨至上状态(高电平状态),即图 4 - 2 中的译码法方式。确定 8279 的端口地址为 4000H～5FFFH。

（4）调用实验程序(ZY8279.ASM、ZY879.ASM),生成目标码文件后直接运行。

（5）阅读并分析程序,写出 8279 命令口的命令字;LED 显示缓冲区地址。

（6）实验程序(ZY8279.ASM)：

```
        ORG     0000H
        LJMP    MAIN
        ORG     0013H
        LJMP    INT1P
MAIN:   MOV     SP,#60H
        SETB    EX1
        NOP
        MOV     DPTR,#5FFFH
        MOV     A,#0DCH
        MOVX    @DPTR,A
LP:     MOVX    A,@DPTR
```

```
          JB      A_CC.7,LP            ;等待清屏结束
          MOV     A,#00H
          MOVX    @DPTR,A
          MOV     A,#34H              ;时钟编程
          MOVX    @DPTR,A
          CLR     IT_1                ;触发方式设置
          NOP
          SETB    EA
          NOP
          MOV     R_0,#39H            ;显示缓冲首址送 R_0
          MOV     R_7,#06H
LLP:      MOV     @R_0,#00H
          INC     R_0
          DJNZ    R_7,LLP
QC_10:    LCALL            DSY
          LJMP    QC_10
INT1P:    PUSH    A_CC
          PUSH    DP_H
          PUSH    DP_L
          MOV     A,#40H
          MOV     DPTR,#5FFFH
          MOVX    @DPTR,A
          MOV     DPTR,#5EFFH
          MOVX    A,@DPTR
          MOV     39H,A
          LCALL   DSY
          POP     DP_L
          POP     DP_H
          POP     A_CC
          RETI
DSY:      MOV     R_2,#06H
          MOV     A,#92H
          MOV     DPTR,#5FFFH
          MOVX    @DPTR,A
          MOV     R_0,#39H
TY_11:    MOV     A,@R_0
          MOV     DPTR,#TABL
          MOVC    A,@A+DPTR
          MOV     DPTR,#5EFFH
```

```
        MOVX    @DPTR,A
        INC     R₀
        DJNZ    R₂,TY₁₁
        RET
TABL：   DB 0C0H,0F9H,0A4H,0B0H,99H
        DB 92H,82H,0F8H,80H,90H,88H
        DB 83H,0C6H,0A1H,86H,8EH,8CH
        DB0C1H,89H,0C7H,0BFH,91H
        DB 00H,0FFH
        END
```

ZY879.ASM(程序清单略)

(7)运行程序,观察结果。

(8)实验结束,将一切整理复原。

4. 实验预习要求

(1)认真阅读、理解实验指导书,并领会本次实验的目的、要求与实验内容。

(2)学习可编程键盘及显示接口芯片 8279 的工作原理及编程方法。

5. 实验报告要求

(1)写出实验过程中观察到的情况。

(2)写出本次实验的心得体会及对实验的改进意见。

实验 7　直流电机转速测量与控制实验

1. 实验目的

(1)掌握 DAC0832 接口芯片的工作原理及使用方法。

(2)掌握霍尔开关传感器 3020T 芯片的使用。

(3)掌握单片机控制直流电机转速的原理及编程方法。

2. 实验设备

(1)ZY15MCU12BC2 单片机实验开发装置 1 台。

(2)PC 系列微机及相关软件。

3. 实验内容及要求

(1)同实验 1。

(2)同实验 1。

(3)单片机控制直流电机转速的工作原理如下:

① 根据霍尔效应原理,将一块永久磁钢固定在直流电机转轴上的转盘边沿,当直流电

机转动时,转盘随转轴旋转,因此磁钢也跟着转动。在转盘附近安装一个霍尔开关传感器 3020T,当转盘随转轴旋转时,受磁钢转动产生的磁场影响,霍尔器件输出脉冲信号,其脉冲信号的频率和转速成正比,这样只要测出脉冲信号的频率或周期既可计算出直流电机的转速。

②　直流电机的转速与施加于电机两端的电压有关,电动机驱动电路有 D/A 转换和 PWM 两种方式,通过实验箱上控制开关 K8 来选择驱动方式:当 K8 拨向下时为 D/A 转换方式;当 K8 拨向上时为 PWM 方式。两种驱动方式都是通过三极管来驱动直流电机转动的。D/A 转换方式下,将 DAC0832 输出(I/V 转换后)接在电机的电压端,由单片机控制 DAC0832 输出的模拟电压信号,从而控制直流电机的转速。当直流电机的转速小于设定值时增大 D/A 的输出信号;当直流电机的转速大于设定值时减小 D/A 的输出信号,使直流电机以某一恒定速度转动。

③　采用简单的比例调节算法(加 1、减 1 法)。

比例调节器(P)的输出函数式为:

$$Y = K_p\, e(t)$$

式中:Y —— 调节器的输出;

$e(t)$ —— 调节器的输入偏差值;

K_p —— 比例系数。

上式是一种最基本的比例调节器。从式中可以看出,调节器的输出 Y 与输入偏差值 $e(t)$ 成正比。因此,只要偏差 $e(t)$ 一出现,就会产生与之成比例的调节作用,具有调节及时的特点。这种比例调节作用的大小除了与偏差 $e(t)$ 有关之外,还取决于比例系数 K_p。K_p 越大,调节作用越强,动态特性也越强。反之,K_p 越小,调节作用越弱。比例调节器的主要缺点是存在静差,即对于振动较大的惯性环节,K_p 太大时将会引起自激振荡现象。因此,对于振动较大的惯性环节,要兼顾动态和静态特性,一般采用调节规律比较复杂的 PI(比例、积分调节器)或 PIO(比例、积分、微分调节器)算法。

(4)将实验箱上的控制开关 KC 拨至上状态,即是实验电路图 4 - 2 的译码方式。确定 0832 的端口地址为 6000H~7FFFH。

(5)按实验电路"图 4 - 5　DAC0832 及直流电机实验电路示意图"连接硬件线路:3020T 的输出端 $\overline{\text{CKMOT}}$ 接至 $\overline{\text{INT}_0}$(P$_{3.2}$),L$_0$ 灯接至 P$_{1.0}$。

(6)编写实验程序,实现在电机转速的可控范围内控制的电机转速等于设定值,测试电机转速并在实验箱的显示器上显示等功能。

程序设计思路:

① 测试电机转速

通过单片机外部中断信号 $\overline{\text{INT}_0}$ 的中断程序对电机转速脉冲信号 CKMOT 进行计数,CKMOT 输出一个脉冲信号,电机即转动一周,$\overline{\text{INT}_0}$ 引脚产生一次中断,中断程序中软件计数器加 1。当软件计数器值为 10 时(即 CKMOT 输出 10 个脉冲信号)对单片机 P$_{1.0}$ 引脚取反控制 L$_0$ 灯的亮或灭,这样单片机 P$_{1.0}$ 引脚输出的信号即为电机的转速脉冲周期信号,通过 L$_0$ 灯的亮或灭可观察到电机转速的变化。

电机转速计算:用单片机内部定时器 T$_0$ 产生 50ms 定时中断,在 T$_0$ 的中断程序中也采用软件计数器对中断次数计数,当软件计数器值为 200 时(即中断 200 次 10s)读出

CKMOT 的脉冲计数值,计算出电机的转速(n/s)送显示缓冲区。

② 比例调节器(P)

用计算出电机的转速与设定值进行比较,若电机转速大于设定值,则送 0832 控制输出电压值减 1,否则加 1,在主程序中进行显示处理。

要求:40H 单元为定时器 T_0 软件计数器单元;41H 单元为送 0832 控制输出电压值,42H 单元存放电机转速。

(7)实验参考程序流程图如图 4 – 16 所示。

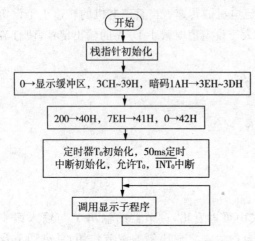

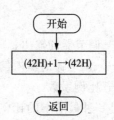

图 4 – 16(a)　主程序流程图　　　　图 4 – 16(b)　$\overline{INT_0}$ 中断程序流程图

(8)实验参考程序:

```
        DAOT    EQU     40H
        SCNT    EQU     41H
        CKCH    EQU     42H
        CKCN    EQU     43H
        SETP    EQU     44H
        TEMP    EQU     45H
        ORG     0000H
STRT:   LJMP    MAIN
        ORG     0003H
        LJMP    PINT0
        ORG     000BH
        LJMP    PTF0
        ORG     0013H
        LJMP    LINT1
        ORG     0030H
PTF0:   MOV     TH0,#0D0H
        PUSH    Acc
        PUSH    PSW
```

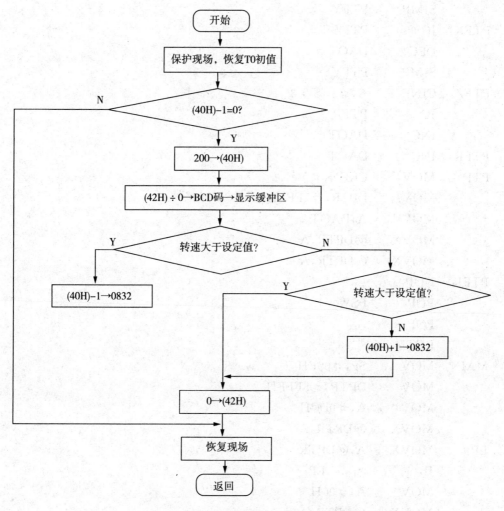

图 4 - 16(c)　直流电机控制程序流程图

```
SETB     PSW.₃
DJNZ     SCNT,PTFJ
MOV      SCNT,#64H
MOV      A,CKCN
MOV      B,#0AH
DIV      AB
MOV      39H,B
MOV      B,#0AH
DIV      AB
MOV      3AH,B
MOV      3BH,A
MOV      A,CKCN
CJNE     A,SETP,PTFX
```

```
              SJMP      PTFY
PTFX：  JC        PTFZ
              DEC       DAOT
              SJMP      PTFY
PTFZ：  CJNE      A,＃3,＄＋3
              JC        PTFR
              INC       DAOT
PTFR：  INC       DAOT
PTFY：  MOV       CKCN,＃0
              MOV       DPTR,＃7FFFH
              MOV       A,DAOT
              MOVX      @DPTR,A
              MOVX      @DPTR,A
PTFJ：  NOP
              POP       PSW
              POP       Acc
              RETI
MAIN：  MOV       SP,＃06FH
              MOV       DPTR,＃5FFFH
              MOV       A,＃0DCH
              MOVX      @DPTR,A
LP：     MOVX      A,@DPTR
              JB        Acc.7,LP
              MOV       A,＃00H
              MOVX      @DPTR,A
              MOV       A,＃34H
              MOVX      @DPTR,A
              CLR       12H
              NOP
              MOV       R0,        ＃39H
              MOV       R7,        ＃06H
MLP0：  MOV       @R0,＃17H
              INC       R0
              DJNZ      R7,MLP0
              LCALL     DIR
              MOV       DAOT,   ＃06FH
              MOV       SCNT,＃04H
              MOV       CKCH,＃00H
              MOV       CKCN,＃00H
```

```
          SETB     EA
          NOP
          SETB     EX₁
          NOP
          CLR      IT₁
          NOP
MLP₁:     LCALL    KEYI
          ANL      A,#0FH
          CJNE     A,#0AH,$+3
          JNC      MLP₁
          MOV      3EH,A
          LCALL    DIR
MLP₂:     LCALL    KEYI
          ANL      A,#0FH
          CJNE     A,#0AH,$+3
          JNC      MLP₂
          MOV      3DH,A
          MOV      A,3EH
          MOV      B,#0AH
          MUL      AB
          ADD      A,3DH
          MOV      SETP,A
          MOV      DPTR,#7FFFH
          MOV      A,DAOT
          MOVX     @DPTR,A
          MOV      A,#1
          ORL      A,TMOD
          MOV      TMOD,A
          MOV      TH0,#0D0H
          MOV      TL0,#00H
          SETB     TR₀
          SETB     EA
          SETB     ET₀
          SETB     EX₀
          SETB     IT₀
          SETB     EX₁
          CLR      IT₁
          NOP
          MOV      IP,#04H
```

```
MLP₄:   MOV     DPTR,#7FFFH
        MOV     A,DAOT
        MOVX    @DPTR,A
        LCALL   DIR
        LJMP    MLP₄
PINT₀:  PUSH    Acc
        INC     CKCN
        MOV     A,CKCN
        JNZ     PIPI
        INC     CKCN
PIPI:   POP     Acc
        RETI
lINT₁:  PUSH    Acc
        PUSH    DPн
        PUSH    DPʟ
        MOV     DPTR,#5FFFH
        MOV     A,#40H
        MOVX    @DPTR,A
        MOV     DPTR,#5EFFH
        MOVX    A,@DPTR
        MOV     27H,A
        SETB    12H
        NOP
        POP     DPʟ
        POP     DPн
        POP     Acc
        RETI
KEYI:   JNB     12H,KEYI
        MOV     A,27H
        CLR     C
        SUBB    A,#10
        JNC     TTT₁
        MOV     A,27H
        CLR     12H
        RET
TTT₁:   MOV     A,27H
        CLR     C
        SUBB    A,#04H
        CLR     12H
```

```
        RET
DIR:    MOV      R₂,#06H
        MOV      A,#92H
        MOV      DPTR,#5FFFH
        MOVX     @DPTR,A
        MOV      R₁,#39H
TY₁₁:   MOV      A,@R₁
        MOV      DPTR,#lCODE
        MOVC     A,@A+DPTR
        MOV      DPTR,#5EFFH
        MOVX     @DPTR,A
        INC      R₁
        DJNZ     R₂,TY₁₁
        RET
LCODE:  DB 0C0H,0F9H,0A4H,0B0H,99H
        DB 92H,82H,0F8H,80H,90H,88H
        DB 83H,0C6H,0A1H,86H,8EH,8CH
        DB0C1H,89H,0C7H,0BFH,91H
        DB 00H,0FFH
        END
```

(9)用终端命令测试硬件:

① 对 $P_{1.0}$ 引脚进行写操作以检查测试 L_0 状态是否受 $P_{1.0}$ 引脚信号控制;对控制 0832 输出电压的 41H 单元写入不同数值,检测直流电机转速是否有变化。正常情况下,数据越大转速越快。

② 电机转动时,用示波器观察 CKMOT 引脚的输出波形,正常情况下,转速越快频率越高。

(10)在 μVision3 开发平台上输入程序,编译、链接程序。

调试程序:外部中断 $\overline{\text{INT}_0}$ 入口和定时器 T_0 中断入口设置断点,带断点运行,检查是否碰到断点,执行中断程序。若碰不到断点,检查初始化和外部接线。

运行程序实现所要求的功能并观察结果,修改程序,使转速达到设定值并使转速稳定。

(11)实验结束,拆除接线,将一切整理复原。

4. 实验预习要求

(1)认真阅读、理解实验指导书,并领会本次实验的目的、要求与实验内容。

(2)复习 DAC0832 接口芯片的工作原理及使用方法。

(3)阅读霍尔开关传感器 3020T 芯片的应用。

(4)编写单片机控制直流电机转速的程序。

5. 实验报告要求

(1)按实验顺序,记录实验与检查的结果。

(2)画出实验程序框图,列出实验程序清单。

(3)写出实验结果、实验体会及对实验的改进意见。

实验8　电压测量实验

1. 实验目的

(1)掌握 ADC0809 模数转换芯片的工作原理及使用方法。

(2)掌握 ADC0809 和单片机接口电路原理。

(3)学习掌握单片机与 ADC0809 接口的编程方法。

2. 实验设备

(1)ZY15MCU12BC2 单片机实验开发装置 1 台。

(2)PC 系列微机及相关软件。

3. 实验内容及要求

(1)同实验1。

(2)同实验1。

(3)将实验箱上的控制开关 KC 拨至上状态,即是实验电路图 4-2 的译码方式。确定 ADC0809 的端口地址为 8000H～9FFFH。

(4)按实验电路"图 4-12　ADC0809 实验电路示意图"进行硬件连接,将 0809 的 EOC 端接至单片机 $P_{1.3}$ 引脚。

(5)编写实验程序,将当前电位器上的电压值对应的数字量显示在实验箱 LED 显示器上。

电压测量的工作原理:

"图 4-12　ADC0809 实验电路示意图"为电压测量实验电路,电路由直流稳压电源、电位器、0809A/D 转换器、单片机等器件构成。模拟电压信号由直流稳压电源引出经电位器分压后接到 ADC0809 的输入通道 4 (AN4),经过 A/D 转换后得到当前电位器上的电压值所对应的数字量在实验箱的 LED 上显示(以十进制数据显示),调整电位器可改变输入电压信号,电位器两端的电压范围为 0～5V,对应的数字量为 0～255(十六进制数为

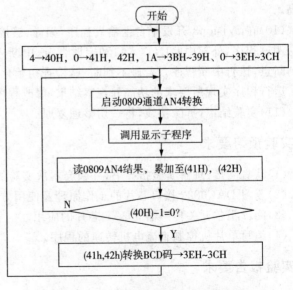

图 4-17　电压测量实验程序流程图

00H～FFH，有误差）。

(6)实验程序流程图如图 4 - 17 所示。

(7)实验程序：

```
                AD_mem      DATA 30H    定义字节变量
                AD_memh     DATA        31H
                Valuelow    DATA        32H
                Valuehigh   DATA        33H
                Dispmem     DATA        40H
                Con_0809    EQU         09FF4H
                Con_8279    EQU         05FFFH
                Dat_8279    EQU         05EFFH
                ORG         0000H
                SJMP        START
                ORG         0030H
START:          MOV         SP,＃80H
                MOV         IE,＃00H
                ACALL       INIT
                MOV         DPTR,＃AD0809
                ACALL       SETDISP
                ACALL       DISPLAY
                ACALL       DELAY
MAIN:           ACALL       AD_0809
                ACALL       DISPLAY
                ACALL       DELAY
                SJMP        MAIN
;* * * * * * * * * * * * * * *INITIAL* * * * * * * * * * * * * * * *
INIT:           MOV         DPTR,＃CON_8279
                MOV         A,＃00H
                MOVX        @DPTR,A
                MOV         A,＃00110100B
                MOVX        @DPTR,A
                MOV         A,＃11011100B
                MOVX        @DPTR,A
WAIT:           MOVX        A,@DPTR
                JB          A_{CC.7},WAIT
CLRRAM:         MOV         R0,＃30H
                MOV         R7,＃20H
                MOV         A,＃00H
CLRRAM1:        MOV         @R0,A
```

```
                    DJNZ        R₇,CLRRAM₁
                    RET
;* * * * * * * * * * * * AD_SATRAT * * * * * * * * * * * * * * * * * *
AD_START: MOV        DPTR,#CON_0809
            MOVX        @DPTR,A
ADT:        JB          P₁.₃,ADT
            NOP
            MOVX        A,@DPTR
            MOV        AD_mem,#0
            MOV        AD_mem+1,#0
            MOV        Valuelow,#1
            MOV        Valuehigh,#0
            MOV        R₅,#08
NEXTAD:     RRC         A
            PUSH        A_CC
            JNC         NEXTADD
            MOV        A,Valuelow
            ADD         A,AD_mem
            DA          A
            MOV        AD_mem,A
            MOV        A,Valuehigh
            ADDC        A,AD_mem+1
            DA          A
            MOV        AD_mem+1,A
NEXTADD:    MOV        A,Valuelow
            ADD         A,Valuelow
            DA          A
            MOV        Valuelow,A
            MOV        A,Valuehigh
            ADDC        A,Valuehigh
            DA          A
            MOV        Valuehigh,A
            POP         A_CC
            DJNZ        R₅,NEXTAD
            RET
;* * * * * * * * * * * * * * AD_0809 * * * * * * * * * * * * * * *
AD_0809:    ACALL       AD_START
            MOV         A,AD_mem
            ANL         A,#0FH
```

```
        MOV       DPTR,#Disptable
        MOVC      A,@A+DPTR
        MOV       Dispmem+0,A
        MOV       A,AD_mem
        ANL       A,#0F0H
        SWAP      A
        MOVC      A,@A+DPTR
        MOV       Dispmem+1,A
        MOV       A,AD_mem+1
        ANL       A,#0FH
        MOVC      A,@A+DPTR
        MOV       Dispmem+2,A
        RET
;* * * * * * * * * * * * * * * SETDISP * * * * * * * * * * * * * * * *
SETDISP: PUSH     Acc          ;向显存写入指定数据的子程序
        MOV       R0,#Dispmem   ;由 DPTR 参数指定数据地址初值
        MOV       B,#0
        MOV       R7,#06H
NEXTBIT: MOV      A,B
        MOVC      A,@A+DPTR
        MOV       @R0,A
        INC       R0
        INC       B
        DJNZ      R7,NEXTBIT
        POP       Acc
        RET
;* * * * * * * * * * * * * * * display * * * * * * * * * * * * * * * * *
DISPLAY: MOV      R4,#06H       ;将显存数据送入 8279 进行显示的子程序
        MOV       R2,#Dispmem
        MOV       DPTR,#Con_8279
        MOV       A,#10010010B  ;指定写入 8279 显示 RAM 的地址,
        MOVX      @DPTR,A       ;8279 显示 RAM 地址自动加 1
DISPREL: MOV      A,@R1
        MOV       DPTR,#Dat_8279
        MOVX      @DPTR,A
        INC       R1
        DJNZ      R4,DISPREL
        RET
;* * * * * * * * * * * * * * * * * DELAY * * * * * * * * * * * * * * *
```

```
DELAY:      MOV      R₇,#7FH
DELAY₁:     MOV      R₆,#0FFH
            DJNZ     R₆,$
            DJNZ     R₇,DELAY₁
            RET
;*************** TABLE *********************
AD0809:DB 17H,17H,17H,0BFH,0A1H,088H,0C0H;
       DB 80H,0C0H,98H,0BFH,0FFH,0FFH,0FFH
DISPTABLE:DB 0C0H,0F9H,0A4H,0B0H,99H,92H,82H,0F8H,80H,98H
       END
```

(8)在μVision3 开发平台上输入程序,编译、链接程序。

调试程序:

运行程序是否达到要求的功能。用万用表测量 0809 通道 4 引脚 AN4 上的电压,观察 LED 上显示的转换结果,计算与万用表测量值的误差,改变电位器值,重复上述实验步骤并记录结果,要求测量 8 组数据。

(9)实验结束,拆除接线,将一切整理复原。

4. 实验预习要求

(1)认真阅读、理解实验指导书,并领会本次实验的目的、要求与实验内容。

(2)复习 ADC0809 接口芯片的工作原理及使用方法。

(3)计算出 ADC0809 转换输出的数字量(2 位十六进制数)与对应的模拟量 0~5V,列出二者对照表,计算 0809A/D 转换的分辨率。

(4)编写使用单片机测量电压的实验程序。

5. 实验报告要求

(1)按实验顺序,记录并分析实验数据。

(2)画出实验程序框图,列出实验程序清单。

(3)写出实验结果、实验体会及对实验的改进意见。

实验 9   压力测量实验

1. 实验目的

(1)掌握 ADC0809 接口芯片的工作原理及使用方法。

(2)了解应变片电桥测量电路。

(3)掌握单片机测量压力的工作原理及编程方法。

2. 实验设备

(1)ZY15MCU12BC2 单片机实验开发装置 1 台。

（2）PC 系列微机及相关软件。

3. 实验内容及要求

（1）同实验 1。

（2）同实验 1。

（3）压力测量的工作原理：

将金属丝电阻应变片粘浮在弹簧片的表面，弹簧片在力的作用下发生变形，而电阻应变片也随着弹簧片一起变形，这将导致电阻应变片电阻值的变化。弹簧片上受的力越大，形变也越大，电阻应变片电阻值变化也越大。因此，只要测量出电阻应变片的电阻值的变化，就可以计算出弹簧片上受力的大小。

图 4-18 为电阻应变片电桥测量电路，图中 R_1 为电阻应变片，R_1 的电阻值和另外三个电阻 R_2、R_3、R_4 构成桥架。当电桥平衡时（电阻应变片未受到压力），$R_1 = R_2 = R_3 = R_4 = R$，此时电桥平衡输出 $U_0 = 0$，当在应变片上施加压力时，电阻应变片受到压力后 R_1 发生变化，使 $R_1 \times R_3 \neq R_2 \times R_4$ 引起电桥不平衡，电桥输出 $U_0 \neq 0$，并有下式：

$$U_0 \approx \frac{1}{4} \times \frac{\Delta R}{R} U \approx \pm \frac{K_0 \times \varepsilon}{4} U$$

此时压力信号转换为微弱的电压信号，经 324 运算放大器，将信号放大至 0～5V，作为 ADC0809 的模拟输入信号［0809 的输入通道 0（AN0）］，经过 A/D 转换后得到当前电压值所对应的数字量在实验箱的 LED 上显示（以十进制数据显示）有误差。

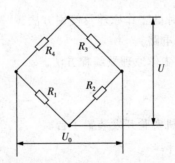

图 4-18　电阻应变片电桥测量电路

（4）将实验箱上控制开关 KC 拨至上状态，即是实验电路图 4-2 为译码方式。确定 ADC0809 的端口，地址为 8000H～9FFFH。

（5）按实验电路"图 4-11　压力测量实验电路示意图"进行硬件连接，将 0809 的 EOC 端接至单片机 $P_{1.3}$ 引脚。

（6）编写实验程序，其功能为当一物体加在金属条表面使应变片变形时实验箱的 LED 显示器上显示出该物体的重量。该实验程序可参考实验 7 程序，只是 0809 的转换通道不同（AN0）。

（7）程序流程图（略）

（8）实验程序（略）

（9）在 μVision3 开发平台上输入程序，编译、链接程序。

调试程序：

运行程序是否达到要求的功能。在弹簧片上加上不同的压力,启动 0809 对 0 通道进行 A/D 转换,然后观察 LED 上显示的转换结果,检查结果是否随压力的变化而变化。

(10)实验结束,拆除接线,将一切整理复原。

4. 实验预习要求

(1)认真阅读、理解实验指导书,并领会本次实验的目的、要求与实验内容。

(2)复习 ADC0809 接口芯片的工作原理及使用方法。

(3)预习应变片电桥测量电路的工作原理。

(4)编写使用单片机测量压力的实验程序。

5. 实验报告要求

(1)按实验顺序,记录并分析实验数据。

(2)画出实验程序框图,列出实验程序清单。

(3)写出实验结果、实验体会及对实验的改进意见。

实验 10　温度测量实验

1. 实验目的

(1)掌握 ADC0809 接口芯片的工作原理及使用方法。

(2)了解热敏电阻电桥测量电路。

(3)掌握单片机测量温度的工作原理及编程方法。

2. 实验设备

(1)ZY15MCU12BC2 单片机实验开发装置 1 台。

(2)PC 系列微机及相关软件。

3. 实验内容及要求

(1)同实验 1。

(2)同实验 1。

(3)温度测量的工作原理：

温度测量一般采用热敏元件作传感器,常用的温度传感器有铂电阻、热敏电阻等。其中热敏电阻价格低、使用方便。根据电阻和温度的关系有负温度系数、正温度系数和临界温度系数热敏电阻。

使用电桥将热敏电阻阻值的变化转换为电压信号,经放大后通过 A/D 转换为数字信号再由单片机处理。

图 4－7 为温度测量实验电路,所使用的热敏电阻为负温度系数热敏电阻,温度越高,电阻越小,运放输出的电压降低。该模拟电压信号送入 0809 的通道 2(AN2)转换,读 0809,即

可得到当前的环境温度。

（4）将实验箱上控制开关 KC 拨至上状态，即是实验电路图 4－2 为译码方式。确定 ADC0809 的端口地址为 8000H～9FFFH。

（5）按实验电路"图 4－7　温度测量实验电路示意图"进行硬件连接，将 0809 的 EOC 端接至单片机 $P_{1.3}$ 引脚。

（6）编写实验程序，其功能为测试当前周围环境温度并在实验箱的 LED 显示器上显示出。该实验程序可参考实验 7 程序，只是 0809 的转换通道不同（AN2）。

（7）程序流程图（略）。与实验 7 流程相仿，只是温度 A/D 结果代表压力 A/D 结果。

（8）实验程序（略）。

（9）在 μVision3 开发平台上输入程序，编译、链接程序。

调试程序：

运行程序，启动 0809 对 2 通道进行 A/D 转换，然后观察 LED 上显示的转换结果，检查结果是否随温度的变化而变化。

（10）实验结束，拆除接线，将一切整理复原。

4. 实验预习要求

（1）认真阅读、理解实验指导书，并领会本次实验的目的、要求与实验内容。

（2）预习热敏电阻电桥测量电路的工作原理。

（3）编写使用单片机测量温度的实验程序。

5. 实验报告要求

（1）按实验顺序，记录并分析实验数据。

（2）画出实验程序框图，列出实验程序清单。

（3）写出实验结果、实验体会及对实验的改进意见。

实验 11　PWM 脉宽调制实验

1. 实验目的

（1）学习掌握 PWM 脉宽调制的基本原理和 PWM 脉宽调制程序设计方法。

（2）掌握利用 PWM 调制直流电机速度的程序设计方法。

2. 实验设备

（1）ZY15MCU12BC2 单片机实验开发装置 1 台。

（2）PC 系列微机及相关软件。

3. 实验内容及要求

（1）同实验 1。

（2）同实验 1。

（3）直流电机转动原理：

直流电机转动方向是由电压来控制的，电压为正则正转，电压为负则反转。转速大小则是由输出脉冲的占空比来决定的。正向占空比越大则转速越快，反向转则占空比越小转速越快。

直流电机转速输出脉冲的占空比例如图 4－19 所示。

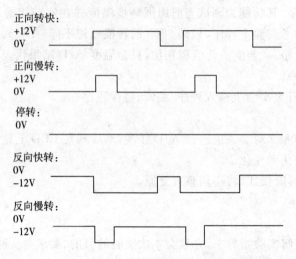

图 4－19　直流电机转速输出脉冲占空比例图

利用单片机 P_1 口，输出一串脉冲，经外部积分电路放大后形成直流电压驱动直流电机，改变输出脉冲的电平及持续时间（即修改占空比），达到使电机正转、反转、加速、减速、停转之目的。

（4）"图 4－5　DAC0832 及直流电机实验电路示意图"为实验电路图，按图进行硬件连接，将 K8 开关拨至上端，单片机 $P_{1.0}$ 引脚与 PWM 插孔相连。

（5）编写实验程序，通过改变 P_1 口的输出脉宽实现对直流电机转速的控制。

（6）实验程序流程图（略）。

（7）实验参考程序：

```
        ORG     0000H
        SJMP    INI
        SJMP    CLOCK
INI：   NOP
        MOV     TMOD,#02H
        MOV     TH0,#0FEH
        MOV     TL0,#0FEH
        MOV     IE,#02H
        SETB    TR0
        SETB    P1.0
        SETB    00H
        MOV     R4,#0FEH
```

```
            MOV     R₁,♯80H
            SJMP    MAIN
MAIN：      MOV     A,R₄
            CLR     P₁.₀
            MOV     R₆,A
            DJNZ    R₆,$
            SETB    P₁.₀
            MOV     A,R₄
            CPL     A
            MOV     R₆,A
            DJNZ    R₆,$
            DJNZ    R₁,MAIN
            DEC     R₄
            MOV     R₁,♯80H
            AJMP    MAIN
CLOCK：     NOP
            CLR     EA
            JNB     00H,CL
            CLR     P₁.₀
            END
```

(8)在 μVision3 开发平台上输入程序,编译、链接程序。

(9)调试、运行程序,观察直流电机转速的变化,同时用示波器观察 PWM 插孔(P₁.₀)的波形。

(10)实验结束,拆除接线,将一切整理复原。

4. 实验预习要求

(1)认真阅读、理解实验指导书,并领会本次实验目的、要求与实验内容。

(2)复习直流电机转速控制的内容。

(3)编写利用单片机控制直流电机速度的程序。

5. 实验报告要求

(1)按实验顺序,记录并分析实验数据。

(2)画出实验程序框图,列出实验程序清单。

(3)写出实验结果、实验体会及对实验的改进意见。

实验 12　串转并应用实验

1. 实验目的

(1)掌握 51 系列单片机串口工作方式 0 的应用。

(2)学习 8 位串行输入和并行输出的同步移位寄存器 74LS164 和 8 位并行输入和串行输出的同步移位寄存器 74LS165 两个接口芯片的应用技能。

(3)研究单片机串行口如何用于扩展并行 I/O 口。

2. 实验设备

(1)ZY15MCU12BC2 单片机实验开发装置 1 台。

(2)PC 系列微机及相关软件。

3. 实验内容及要求

(1)同实验 1。

(2)同实验 1。

(3)实验原理:

51 系列单片机串口工作在方式 0 时,通过外接同步移位寄存器可以将串口扩展为 8 位输入/输出并口。本实验是外接一片 8 位串入/并出的同步移位寄存器 74LS164 将单片机串口扩展为 8 位并行输出口。

(4)实验电路图:"图 4 - 3 串转并实验电路示意图"。

按图进行硬件连接:将单片机的 RXD 端与 74LS164 的串行输入端 SERIAL(PA)相连,将单片机的 TXD(移位脉冲)端与 74LS164 的脉冲 CLOCK(PB)相连,74LS164 的输出 $Q_0 \sim Q_7$ 接发光二极管 $L_8 \sim L_{15}$。

(5)实验程序流程图(略)。

(6)实验程序:

```
            ORG     0000H
            SJMP    MAIN
            ORG     0023H
            SJMP    SBV
            ORG     0030H
MAIN:       MOV     SCON,#00H
            SETB    EA
            SETB    ES
            MOV     A,#80H
            MOV     SBUF,A
            MOV     SBUF,A
            MOV     SBUF,A
            SJMP    $
SBV:        ACALL   DELAY
            CLR     TI
            RR      A
            MOV     SBUF,A
            RETI
```

```
DELAY:MOV    R₇,＃00H
      MOV    R₆,＃00H
DEL：  DJNZ   R₇,$
      DJNZ   R₆,DEL
      RET
      END
```

(7)在 μVision3 开发平台上输入程序,编译、链接程序。

(8)调试、运行程序,观察串口数据缓冲区 SBUF 变化,观察发光二极管 $L_8 \sim L_{15}$ 的变化。

(9)实验结束,拆除接线,将一切整理复原。

4. 实验预习要求

(1)认真阅读、理解实验指导书,并领会本次实验的目的、要求与实验内容。

(2)复习单片机串口工作方式 0 的原理及应用。

(3)复习同步移位寄存器 74LS164 接口芯片的相关内容。

5. 实验报告要求

(1)按实验顺序,记录并分析实验数据。

(2)画出实验程序框图,列出实验程序清单。

(3)写出实验结果、实验体会及对实验的改进意见。

实验 13　串行接口通信实验

1. 实验目的

(1)掌握 51 系列单片机串口工作原理,掌握单片机串行通信程序的编制。

(2)了解 RS－232 串行通信标准,UART 异步通信协议内容。

(3)了解 PC 机串行通信的基本要求。

2. 实验设备

(1)ZY15MCU12BC2 单片机实验开发装置 1 台。

(2)PC 系列微机及相关软件。

3. 实验内容及要求

(1)同实验 1。

(2)同实验 1。

(3)编写实验程序,实现单片机与 PC 机的通信。

将字符串"MCS－51"从单片机串口发送出去并显示在 PC 机屏幕上,接受从 PC 机键盘键入字符,通过 RS－232 口传回单片机(仿真器)并在实验箱的 LED 显示器上显示键入字符的 ASCII 码值。

　　(4)实验电路图参见"图 4-6　串口通信实验电路示意图"。

　　(5)实验程序流程图(略)。

　　(6)实验参考程序:

```
            Dispmem     DATA          40H
            Con_8279    EQU           05FFH
            Dat_8279    EQU           05EFFH
            Ser_mem     DATA          2BH
            Serflag     BIT           03H
            ORG         0000H
            SJMP        START
            ORG         0023H
            SJMP        SER
            ORG         0030H
START:      MOV         SP,#60H
            ACALL       INIT            ;调用初始化子程序(中断和 8279)
            MOV         DPTR,#PCSEND
            ACALL       SETDISP         ;置数码管初始状态为 PC一
            ACALL       DISPLAY
            ACALL       DELAY
MAIN:       ACALL       RS232
            ACALL       DISPLAY
            ACALL       DELAY
            SJMP        MAIN
;* * * * * * * * * * * * * * * * INIT * * * * * * * * * * * * * * * * * * * *
INIT:       MOV         TMOD,#20H
            MOV         TL₁,#0F3H       ;CRYSTAL 12MHz
            MOV         TH₁,#0F3H       ;波特率 4800
            MOV         SCON,#50H
            MOV         PCON,#80H
            SETB        TR₁
            SETB        EA
            SETB        ES
            MOV         DPTR,#Con_8279
            MOV         A,#00H
            MOVX        @DPTR,A
            MOV         A,#00110100B
            MOVX        @DPTR,A
            MOV         A,#11011100B
```

```
              MOVX      @DPTR,A
WAIT：        MOVX      A,@DPTR
              JB        Acc.7,WAIT
CLRRAM：MOV            R0,#30H
              MOV       R7,#30H
              MOV       A,#00H
CLRRAM1：MOV          @R0,A
              INC       R0
              DJNZ      R7,CLRRAM1
              RET
;* * * * * * * * * * * * * * * * * SER * * * * * * * * * * * * * * * * *
SET：         CLR       RI              ;串行口中断程序
              PUSH      Acc             ;保护现场
              PUSH      PSW
              MOV       A,SBUF          ;接收 PC 机发来的数据
              MOV       Ser_mem,A       ;存入通信数据
              SETB      Serflag         ;置串行口通信标志位
              CJNE      A,#1BH,Noendser
              CLR       Serflag         ;是结束指令,清除串行口通信标志位
              SJMP      Outintser
Noendser：MOV          SBUF,A          ;将数据回送给 PC 机
Wait：        JNB       TI,Wait         ;未完成数据回送,则等待
Outintser：CLR        TI              ;清除发送标志位
              POP       PSW
              POP       Acc             ;恢复现场
              RETI                      ;中断返回
;* * * * * * * * * * * * * * * * SETDISP * * * * * * * * * * * * * * * * *
Setdisp：     PUSH      Acc             ;向显存写入指定数据的子程序
              MOV       R0,#Dispmem     ;由 DPTR 参数指定数据地址初值
              MOV       B,#0
              MOV       R7,#06H
NEXTBIT：MOV           A,B
              MOVC      A,@A+DPTR
              MOV       @R0,A
              INC       R0
              INC       B
              DJNZ      R7,NEXTBIT
              POP       Acc
              RET
```

```
; * * * * * * * * * * * * * * Display * * * * * * * * * * * * * * * * * * * *
Display:    MOV      R₄,#06H            ;将显存数据送入 8279 进行显示的子程序
            MOV      R₁,#Dispmem
            MOV      DPTR,#Con_8279
            MOV      A,#10010010B        ;指定写入 8279 显示 RAM 的地址
            MOVX     @DPTR,A             ;8279 显示 RAM 地址自动加 1
Disprel:    MOV      A,@R₁
            MOV      DPTR,#Dat_8279
            MOVX     @DPTR,A
            INC      R₁
            DJNZ     R₄,Disprel
            RET

; * * * * * * * * * * * * * * * * DELAY * * * * * * * * * * * * * * * * * * *
DELAY:      MOV      R₇,#7FH
DELAY₁:     MOV      R₆,#0FFH
            DJNZ     R₆,$
            DJNZ     R₇,DELAY₁
            RET

; * * * * * * * * * * * * * * * * RS232 * * * * * * * * * * * * * * * * * * *
RS232:      JNB      Serflag,Nodata     ;微机与该系统串行通信程序
            MOV      Dispmem,#89H
            MOV      A,Ser_mem
            ANL      A,#00001111B
            MOV      DPTR,#Disptable
            MOVC     A,@A+DPTR
            MOV      Dispmem+1,A        ;串口通信标志位有效,显示 PC 送来的数据
            MOV      A,Ser_mem
            ANL      A,#11110000B
            SWAP     A
            MOVC     A,@A+DPTR
            MOV      Dispmem+2,A
            MOV      R7,#0              ;设置主程序延时初始值
            SJMP     Endser
Nodata:     MOV      Dispmem,#0FFH
            MOV      Dispmem+1,#0FFH
            MOV      Dispmem+2,#0FFH
Dndser:     RET                         ;返回主程序

; * * * * * * * * * * * * * * * * send * * * * * * * * * * * * * * * * * * *
PCSEND:  DB 0F9H,0F9H,0BFH,0BFH,0C6H,08CH
```

```
DISPTABLE:  DB 0C0H,0F9H,0A4H,0B0H,99H
            DB 92H,82H,0F8H,80H,90H,88H
            DB 83H,0C6H,0A1H,86H,8EH,8CH
            DB0C1H,89H,0C7H,0BFH,91H,00H,0FFH
            END
```

（7）在 μVision3 开发平台上输入程序，编译、链接程序。

（8）调试、运行程序：

① 实验采用终端方式调试，即目标程序和符号表装入仿真器后，使操作界面进入终端方式。

② 仿真器监控程序已将串口初始化为 8 位 UART，波特率为 4800 波特，实验程序可不对串口初始化。

③ 实验只能采用全速断点调试，分别运行到不同子程序入口处，检查内部 RAM 的内容和 PC 机上显示的信息。

（9）操作过程：

① 按复位键，单片机独立运行程序 ZYPCSND. ASM。

② PC 机进入 DOS 环境并运行 PCSEND1. EXE 串口传送程序（或者运行 PCSEND2. EXE 程序，具体运行哪个程序取决于串口通信专用电缆线连接的端口，若连接串口 1，运行 PCSEND1. EXE 程序；连接串口 2，运行 PCSEND2. EXE 程序）。

③ 在 PC 机键盘上按下任意键，实验箱 LED 显示器上将显示与该键码对应的 ASCII 码值。

④ 结束实验时，应先按下 PC 机键盘的 ESC 键，结束 PCSEND. EXE 程序后，再中止 ZYPCSND. ASM 程序的执行。

注意：本实验也可以在 2 台 PC 机上通信。若进行 2 台 PC 机上通信实验，须将仿真器的串口线接第一台 PC 机的串口 1 或串口 2 端口上，串口通信专用电缆线接在另一台 PC 机的串口 1 或串口 2 端口上。此时，一台 PC 机用于运行仿真主程序，另一台 PC 机用于运行 DOS 按键接收程序。

（10）实验结束，拆除接线，将一切整理复原。

4. 实验预习要求

（1）认真阅读、理解实验指导书，并领会本次实验的目的、要求与实验内容。

（2）复习 51 单片机串口工作方式及 PC 机通信的基本要求等内容。

（3）仔细阅读单片机通信程序实验程序。

5. 实验报告要求

（1）按实验顺序，记录并分析实验数据。

（2）画出实验程序框图，列出实验程序清单。

（3）写出实验结果、实验体会及对实验的改进意见。

实验 14　基于 FM12232A 液晶显示控制实验

1. 实验目的

(1)学习及掌握 FM12232A LCD 模块工作原理。

(2)学习及掌握单片机与 FM12232A 接口电路连接。

(3)学习及掌握单片机控制 FM12232A 显示程序的设计方法。

2. 实验设备

(1)ZY15MCU12BC2 单片机实验开发装置一台。

(2)PC 系列微机及相关软件。

3. 实验内容及要求

(1)同实验 1。

(2)同实验 1。

(3)FM12232A LCD 显示器内部结构及原理。

点阵式液晶显示模块 FM12232A 具有功耗低、供应电压范围宽、显示信息量大、寿命长、不产生电磁辐射污染等特点,广泛应用于移动通信、仪器仪表、家用电器等领域。

FM12232A 模块由一块 122×32 LCD 显示屏(由左、右半屏 61×16 组成)、2 片 SED1520 列驱动芯片(分别驱动左、右显示屏)以及控制电路构成,其中控制电路包括:指令寄存器(IR)、数据寄存器(DR)、忙标志(BF)、显示控制触发器(DFF)、显示 RAM(DD RAM)、XY 地址计数器等单元。FM12232A 显示屏有 16 个行驱动输出和 61 个列驱动输出,驱动占空比可设置为 1/16 或 1/32,并可外接驱动 IC 扩展驱动。FM12232A 模块具有与 68 系列或 80 系列相适配的 MPU 接口功能,并有专用的指令集,可完成文本显示或图形显示。图 4-20 为 FM12232A 模块逻辑结构图。

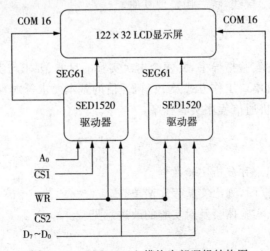

图 4-20　FM12232A 模块内部逻辑结构图

【指令寄存器(IR)】存储 CPU 写入的指令码。当 $A_0＝0$ 时,CPU 写入的指令码存入 IR 中。

【数据寄存器(DR)】存储 CPU 写入的显示数据 8 位点阵码。当 $A_0＝1$ 时,DR 中 8 位点阵码写入对应的 DD RAM 单元,并且 DD RAM 的 Y 地址计数器自动加 1 指向下一个单元,DR 和 DDRAM 之间的传送是 FM12232A 模块内部自动执行的。

【忙标志(BUSY)】BUSY 为 FM12232A 工作状态标志。BUSY＝1,FM12232A 为内部操作状态,此时 FM12232A 禁止接收外部指令和数据;BUSY＝0,FM12232A 为准备状态,此时 FM12232A 允许接收外部指令和数据。

【显示控制触发器(DFF)】DFF 触发器用于控制 FM12232A 显示屏的开、关。DFF＝0,FM12232A 开显示屏,此时 DDRAM 中显示码送入显示屏显示;DFF＝1,FM12232A 关显示屏。

【显示 RAM(DD RAM)】显示 RAM 为 DD RAM 结构,主要功能为存储左、右两个显示屏显示数据的点阵码,DD RAM 共有 4 页×8 行×80 列(只有前 61 列有效)＝2560 位(320 字节)RAM 缓冲区,每一列包含的 8 行对应一个点阵码字节,RAM 中 1 位二进制数值控制显示屏上一个像素点的亮与暗,"1"控制像素点亮、"0"控制像素点暗。DD RAM 单元地址与点阵码显示位置关系见表 4-1DD RAM 地址表。

表 4-1　DD RAM 地址表

Y=	$\overline{CS1}$							$\overline{CS2}$								行号
	0	1	2	3	...	62	63	0	1	2	3	...	62	63		
X=0	$DB_0 DB_0$ ↓ $DB_7 DB_7$						↓	$DB_0 DB_0$ ↓ $DB_7 DB_7$						↓	X=2	0 ↓ 7
X=1	$DB_0 DB_0$ ↓ $DB_7 DB_7$						↓	$DB_0 DB_0$ ↓ $DB_7 DB_7$						↓	X=3	8 ↓ 15
X=4	$DB_0 DB_0$ ↓ $DB_7 DB_7$						↓	$DB_0 DB_0$ ↓ $DB_7 DB_7$						↓	X=6	16 ↓ 23
X=5	$DB_0 DB_0$ ↓ $DB_7 DB_7$						↓	$DB_0 DB_0$ ↓ $DB_7 DB_7$						↓	X=7	24 ↓ 31

【XY 地址计数器】XY 地址计数器为 9 位计数器,作为 DD RAM 的地址指针。其中高 3 位为 X 地址计数器,用作 DDRAM 的页指针(0~7),仅用 0~3;低 6 位为 Y 地址计数器,用作 DDRAM 的列指针(0~63)仅用 0~60。

【Z 地址计数器】Z 地址计数器为 6 位计数器,用于显示行扫描同步,Z 地址计数器具有循环计数功能,FM12232A复位后,Z地址计数器值为0。

(4)FM12232A内部指令格式描述。

FM12232A有专用的指令集,共有14条指令,指令包括控制信号A_0、$\overline{WR}$和8位命令字,其格式描述如下。

1. 显示开关控制指令(DISPLAY ON/OFF)

$\overline{WR}$	A_0	DB_7	DB_6	DB_5	DB_4	DB_3	DB_2	DB_1	DB_0
0	0	1	0	1	0	1	1	1	D

功能:该指令用于开/关屏幕显示,指令执行时不改变DD RAM中的内容,也不影响内部状态。由D值确定,D=0,开显示(DISPLAY ON);D=1,关显示(DISPLAY OFF)。

开显示指令码:AFH;关显示指令码:AEH。如果在显示关闭的状态下选择静态驱动模式,那么内部电路将处于安全模式。

2. 设置显示起始行指令(Display Startline Eet)

$\overline{WR}$	A_0	DB_7	DB_6	DB_5	A_4	A_3	A_2	A_1	A_0
0	0	1	1	0	×	×	×	×	×

功能:执行该命令后,所设置的行将显示在屏幕的第1行。起始行由$A_4 \sim A_0$指定,范围:00000～11111(0～31)。可以是0～31范围内任意一行。行地址计数器具有循环计数功能,用于显示行扫描同步,当扫描完一行后自动加一。

起始行指令码:C0H～DFH。

3. 设置显示页地址指令(Page Address Set)

$\overline{WR}$	A_0	DB_7	DB_6	DB_5	DB_4	DB_3	DB_2	A_1	A_0
0	0	1	0	1	1	1	0	×	×

功能:该指令用于设置DD RAM页地址。当CPU要对DD RAM进行读写操作时,首先要设置页地址和列地址。本指令不影响显示。

DD RAM的页地址,由$A_1 A_0$指定,范围为00～11(0～3)。

页地址指令码:B8H～BBH。

4. 设置显示列地址指令(Column Address Set)(Y地址)

$\overline{WR}$	A_0	DB_7	A_6	A_5	A_4	A_3	A_2	A_1	A_0
0	0	0	×	×	×	×	×	×	×

功能:该指令用于设置DD RAM中的列地址,列地址由$A_6 \sim A_0$指定,范围为000000～1001111(0～79),列地址指令码为00H～4FH。当CPU要对DD RAM进行读、写操作前,首先要设置页地址和列地址。执行读、写命令后,列地址会自动加1,直到达到50H才会停

止,但页地址不变。

5. 读状态指令(Status Read)

$\overline{WR}$	A_0	DB_7	DB_6	DB_5	DB_4	DB_3	DB_2	DB_1	DB_0
1	0	BUSY	ADC	ON/OFF	RST	0	0	0	0

功能:该指令用于检测模块内部状态。

BUSY 为忙信号位:BUSY=1,内部操作状态,禁止接收外部指令和数据;
BUSY=0,空闲状态,允许接收外部指令和数据。

ADC 为显示方向位:ADC=0,反向显示;ADC=1,正向显示。

ON/OFF 显示屏开/关状态位:ON/OFF=0,打开显示屏,ON/OFF=1,关闭显示屏。

RST 复位状态位:RST=0,正常工作;RST=1,模块内部复位初始化状态,此时禁止接收外部指令或数据。

6. 写显示数据指令(Write Display Data)

$\overline{WR}$	A_0	DB_7	DB_6	DB_5	DB_4	DB_3	DB_2	DB_1	DB_0
0	1	D_7	D_6	D_5	D_4	D_3	D_2	D_1	D_0

功能:该指令将 8 位点阵码数据写入 DD RAM 对应单元,$D_7 \sim D_0$ 为 8 位点阵码数据,指令执行后,列(Y)地址自动加1,所以可以连续将点阵码数据写入 DD RAM 而不用重新设置列地址。

7. 读显示数据指令(Read Display Data)

$\overline{WR}$	A_0	DB_7	DB_6	DB_5	DB_4	DB_3	DB_2	DB_1	DB_0
1	1	D_7	D_6	D_5	D_4	D_3	D_2	D_1	D_0

功能:该指令读出由页地址和列地址指定的 DD RAM 单元内 8 位点阵码数据,$D_7 \sim D_0$ 为 DD RAM 对应单元的 8 位点阵码。当"读—修改—写"模式关闭时,每执行一次读指令,列地址自动加1,因此,可以连续从 DD RAM 读出数据而不用设置列地址。

注意:设置完列地址后,首次读显示数据前必须执行一次空的"读显示数据"操作。这是因为设置完列地址后,第一次读数据时,出现在数据总线上的数据是列地址而不是要读出的点阵码数据。

8. 设置列序方向指令(ADC Select)

$\overline{WR}$	A_0	DB_7	DB_6	DB_5	DB_4	DB_3	DB_2	DB_1	DB_0
0	0	1	0	1	0	0	0	0	D

功能:该指令设置 DD RAM 中的列地址与段驱动输出的对应关系,由 D 值确定。

设置 D=0 时,正向;D=1 时,反向。

列序正向显示指令码:A0H;列序反向显示指令码:A1H。

9. 设置占空比指令(Duty Ratio Select)

$\overline{\text{WR}}$	A_0	DB_7	DB_6	DB_5	DB_4	DB_3	DB_2	DB_1	DB_0
0	0	1	0	1	0	1	0	0	D

功能:该指令设置驱动占空比,由 D 值确定。

设置 D=1 时,占空比为 1/32;D=0 时,占空比为 1/16。

设置驱动占空比指令码:A9H(1/32),A8H(1/16)。

10. 静态驱动开/关设置指令(Static Drive On/Off Select)

$\overline{\text{WR}}$	A_0	DB_7	DB_6	DB_5	DB_4	DB_3	DB_2	DB_1	DB_0
0	0	1	0	1	0	0	1	0	D

功能:该指令设置驱动方式,由 D 值确定。

D=0,正常驱动显示;D=1,静态驱动显示。在静态显示时,执行关、闭显示指令,内部电路将被置为安全模式。

设置正常驱动显示指令码:A4H;设置静态驱动显示指令码:A5H。

11. "读—修改—写"模式设置指令(Read Modify Write Select)

$\overline{\text{WR}}$	A_0	DB_7	DB_6	DB_5	DB_4	DB_3	DB_2	DB_1	DB_0
0	0	1	1	1	0	0	0	0	0

功能:执行该指令以后,每执行一次写数据指令列地址自动加1;但执行读数据指令时列地址不会改变。这个状态一直持续到执行"END"指令。

注意:在"读—修改—写"模式下,除列地址设置指令之外,其他指令照常执行。

设置"读—修改—写"模式指令码:E0H。

12. END 指令

$\overline{\text{WR}}$	A_0	DB_7	DB_6	DB_5	DB_4	DB_3	DB_2	DB_1	DB_0
0	0	1	1	1	0	1	1	1	0

功能:该指令关闭"读—修改—写"模式,并把列地址指针恢复到打开"读—修改—写"模式前的位置。

设置 END 指令码:EEH。

13. 复位指令(Reset)

$\overline{\text{WR}}$	A_0	DB_7	DB_6	DB_5	DB_4	DB_3	DB_2	DB_1	DB_0
0	0	1	1	1	0	0	0	1	0

功能:该指令使模块内部初始化。

初始化内容:①设置显示初始行为第 1 行;②页地址设置为第 3 页。

复位指令对显示 RAM 没有影响。设置复位指令码:E2H。

14. 安全模式设置指令(Power Save Set)

$\overline{WR}$	A_0	DB_7	DB_6	DB_5	DB_4	DB_3	DB_2	DB_1	DB_0
0	0	1	0	1	0	1	1	1	0
0	0	1	0	1	0	0	1	0	1

功能:该指令为双命令。

设置安全模式(低功耗模式)的方法:①关闭显示(指令码:AEH);②打开静态显示(指令码:A5H)。

关闭安全模式的方法:①打开显示(指令码:AFH);②关闭静态显示(指令码:A4H)。

安全模式下的内部状态:①停止 LCD 驱动;②Segment 和 Common 输出 Vdd 电平;③停止晶体震荡并禁止外部时钟输入,晶振输入 OSC_2 引脚处于不确定状态;④显示数据和内部模式不变。

(5)FM12232A 外部引脚及工作参数。

FM12232A 模块外部引脚及功能描述见表 4-2 所示。

表 4-2 FM12232A 引脚及功能描述表

引脚号	引脚名称	LEVER	引脚功能描述
1	Vss	0V	电源地
2	Vdd	+3V～+5V	电源电压(+5V)
3	VLCD	0～±5V	LCD 外接负电压(接 10KΩ 可调电阻到 Vss)
4	A_0	H/L	数据/命令选择信号, A_0="H",数据线 DB_7～DB_0 为显示数据信号 A_0="L",数据线 DB_7～DB_0 为命令字/状态字
5	$\overline{CS1}$	H/L	片选信号,低电平有效,选择 SED1520
6	$\overline{CS2}$	H/L	片选信号,低电平有效,选择 SED1520
7	$\overline{WR}$	H/L	读/写选通信号,$\overline{WR}$="L",写操作
8	DB_0	H/L	三态数据线
9	DB_1	H/L	三态数据线
10	DB_2	H/L	三态数据线
11	DB_3	H/L	三态数据线
12	DB_4	H/L	三态数据线
13	DB_5	H/L	三态数据线

（续表）

引脚号	引脚名称	LEVER	引脚功能描述
14	DB$_6$	H/L	三态数据线
15	DB$_7$	H/L	三态数据线
16	RES	H/L	复位信号,低电平有效
17	VLED+	—	LED(+5V)或 EL 背光源
18	VLED−	—	LED(0V)或 EL 背光源

FM12232A 模块特性参数描述如表 4-3 所示。

表 4-3　FM12232A 特性参数描述表

显示特性参数			
STN:正视反向模式	显示颜色: 绿底蓝字	显示角度: 6 点钟直视	驱动方式: 占空比 1/32　偏置 1/6
机械特性参数			
视域尺寸: 54.8×18.3mm	点阵: 122×32	点尺寸: 0.36(*W*)×0.41(*H*)mm	点间距: 0.40(*W*)×0.45(*H*)mm

直流特性					
名称	标识符	数值			单位
		最小值	标准值	最大值	
电源电压	Vdd	2.4	5.0	6.0	V
LCD 驱动电压	VLCD		0	—	V
输入高电压	VIH	0.8Vdd		Vdd	V
输出高电压	VOH	0.5Vdd			V
输入低电压	VIL	GND		0.2Vdd	V
输出低电压	VOL			0.1Vdd	V
电源电流	LDD			240	μA
输入/输出漏电流	IL	3.0		3.0	μA
待机电流	IDDQ		0.05	10	μA

时序特性参数					
信号名称	时序参数	标识符	最小值	最大值	单位	内容
A$_0$、$\overline{WR}$	系统时钟周期	Tcyc	200	—	ns	
	地址建立时间	Taw	40	—	ns	
	地址保持时间	Tah	20	—	ns	

（续表）

显示特性参数						
$DB_7 \sim DB_0$	数据建立时间	Tds	160	—	ns	
	写数据保持时间	Tdh	20	—	ns	
	读数据保持时间	Tch	20	120	ns	
	存取时间	Tacc	—	180	ns	
E	E 脉冲宽度（读）	Tew	200		ns	
	E 脉冲宽度（写）		160	—	ns	
输入信号上升延时间		Tr	—	15	ns	

（6）FM12232A LCD 显示器接口。

FM12232A 模块接口信号包括：8 位三态数据总线 $D_7 \sim D_0$、片选信号 $\overline{CS1}$ 和 $\overline{CS2}$、读写控制信号 $\overline{WR}$、数据/命令选择信号 A_0 等，ZY15MCU12BC2 单片机实验开发装置中单片机通过可编程并行接口芯片 8255A 实现对 FM12232A 模块的显示驱动控制，图 4 - 21 为 FM12232A 与 8255A 的接口电路图。

根据图 4 - 21 电路可知，单片机通过可编程并行接口芯片 8255A 的 PA 和 PC 端口控制 FM12232A 工作。PA 口接 FM12232A 数据总线 $DB_7 \sim DB_0$（图中为 $D_7 \sim D_0$），输出显示数据点阵码以及读、写 FM12232A 状态/命令字；PC 口接 FM12232A 相关控制信号：PC₂ 接 $\overline{WR}$ 引脚：$PC_2 = "0"$，写操作。PC₆、PC₃ 接片选信号 $\overline{CS1}$ 和 $\overline{CS2}$ 引脚：$PC_6 = "0"$，$PC_3 = "0"$，控制 2 片 SED1520 驱动左、右显示屏显示。PC₇ 接 A_0 引脚：$PC_7 = "1"$，数据线 $DB_7 \sim DB_0$ 为显示数据信号。

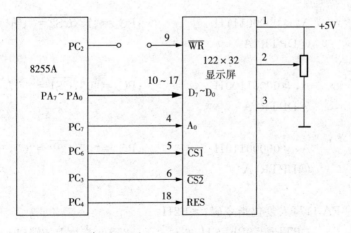

图 4 - 21　FM12232A 与 8255A 接口电路图

$PC_7 = "0"$，数据线 $DB_7 \sim DB_0$ 为命令字/状态字。PC₄ 接 RES 引脚：$PC_4 = "1"$，FM12232A 外部复位操作。因此，设置 8255A 工作在方式 1，PA、PC 端口为输出口，8255A 工作方式字为 ♯80H，由实验箱电路图 4 - 2 可知，8255A 芯片 A 口、B 口、C 口和命令口地址分别为：BFFCH、BFFDH、BFFEH 和 BFFFH。

FM12232A LCD 显示器接口软件初始化：

根据上述介绍，FM12232A 初始化操作步骤如下：

① 设置 8255A 的工作方式字：♯80H

MOV	DPTR,♯0BFFFH	;8255A 控制端口
MOV	A,♯80H	;写入方式字：♯80H，
MOVX	@DPTR,A	

② 设置 FM12232A 外部复位操作，引脚 RES 为高电平，PC_4＝"1"，

| MOV | A,♯00001001H | ;PC_4＝"1"，RES＝"1"， |
| MOVX | @DPTR,A | |

③ 设置 FM12232A 引脚 A_0 为低电平，PC_7＝"0"，

| MOV | A,♯00001110H | ;PC_7＝"0"，A_0＝"0"， |
| MOVX | @DPTR,A | |

④ 设置 $\overline{CS1}$ 和 $\overline{CS2}$ 引脚低电平，PC_6＝"0"，PC_3＝"0"，

MOV	DPTR,♯0BFFFH	;PC_6 和 PC_3 送脉冲信号
MOV	A,♯00001101H	;PC_6＝"1"，$\overline{CS1}$＝"1"，
MOVX	@DPTR,A	
NOP		
MOV	A,♯00001100H	;PC_6＝"0"，$\overline{CS1}$＝"0"，
MOVX	@DPTR,A	
NOP		
MOV	A,♯00001101H	;PC_6＝"1"，$\overline{CS1}$＝"1"，
MOVX	@DPTR,A	
NOP		
MOV	A,♯00000111H	;PC_3＝"1"，$\overline{CS2}$＝"1"，
MOVX	@DPTR,A	
NOP		
MOV	A,♯00001100H	;PC_6＝"0"，$\overline{CS1}$＝"0"，
MOVX	@DPTR,A	
NOP		
MOV	A,♯00000110H	;PC_3＝"0"，$\overline{CS2}$＝"0"，
MOVX	@DPTR,A	
NOP		

⑤ 8255A 的 PA 口写入复位指令码：♯E2H

MOV	DPTR,♯0BFFCH	;8255A 芯片 PA 端口
MOV	A,♯0E2H	;写入复位指令码：♯E2H，
MOVX	@DPTR,A	

⑥ 8255A 的 PA 口写入开显示指令码：♯AFH

重复执行③、④步操作

| MOV | A,♯0AFH | ;写入开显示指令码：♯AFH |

```
        MOVX        @DPTR,A
⑦ 清屏操作
        MOV         R₄,♯04H              ;显示屏有 4 页
        MOV         R₃,♯00H              ;设置页地址初值
LOOP:MOV            COM_BUF,♯0B8H        ;页地址字为 B8H
        MOV         A,COM_BUF
        ORL         A,R₃                 ;修改页地址
        MOV         COM_BUF,A
        LCALL       WLIQ
;设置 A₀ 引脚低电平,C̄S̄1̄和C̄S̄2̄引脚低电平,
;向 8255A 的 PA 口写入页地址命令字 B8H,
        MOV         COM_BUF,♯00H         ;设置列地址初值为 0
        LCALL       WLIQ
;设置 A₀ 引脚低电平,C̄S̄1̄和C̄S̄2̄引脚低电平,
;向 8255A 的 PA 口写入列地址命令字 00H,
        MOV         43H,♯3dH
NET1:MOV            DAT_BUF,♯00H         ;清屏点阵数据全部为 00H
        LCALL       WDAT
;设置 A₀ 引脚高电平,C̄S̄1̄和C̄S̄2̄引脚低电平,
;向 8255A 的 PA 口写入清屏数据 00H,
        DJNZ        43H,NET1             ;延时
        INC         R₃                   ;指向下一页
        DJNZ        R₄,LOOP
```

编写实验程序,实现单片机控制 FM12232A 显示字符及汉字。

将汉字"湖北众友科技公司,感谢您使用该产品"显示在 FM12232A 液晶显示屏上。

(7)实验程序流程图如图 4 - 22 所示。

(8)实验程序(略)。ZY12232.ASM。

(9)在 μVision3 开发平台上输入程序,编译、链接程序。

(10)调试、运行程序。

① 打开仿真器与实验箱电源,初始化 8255A,设置 8255A 工作在方式 0,PA、PC 端口为输出口,向 8255A 控制口写方式字♯80H。

② 测试 8255A 的 PC 口状态,向 8255A 控制口写 C 口置位/复位字:♯0FH～♯00H,检查 PC₇～PC₀ 状态与写入控制字是否一致,如有故障,应及时排除。

③ 将程序断点设置在 BK₁、BK₂ 处,当程序运行后在 BK₁ 处暂停时,液晶屏应为全屏暗,继续运行至 BK₂ 处时,屏幕显示"湖北众友科技公司,感谢您使用该产品"。

④ 改变字库表点阵码,显示其他汉字。

⑤ 改变页地址,移动显示屏汉字位置。

(11)实验结束,拆除接线,将一切整理复原。

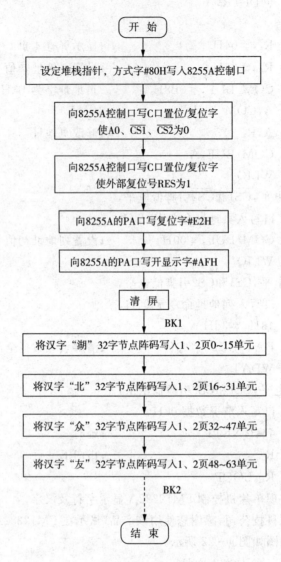

图 4 - 22　FM12232A 实验程序流程图

4. 实验预习要求

(1)认真阅读、理解实验指导书并领会本次实验目的的要求与实验内容。

(2)仔细阅读 FM12232A 模块控制原理、结构、引脚、接口信号及内部指令字等内容。

(3)仔细阅读 FM12232A 显示实验程序。

5. 实验报告要求

(1)按实验顺序,记录并分析实验数据。

(2)画出实验程序框图,列出实验程序清单。

(3)写出实验结果、实验体会及对实验的改进意见。

实验 15　步进电机控制实验

1. 实验目的

(1)学习及掌握三相六拍步进电机工作原理。

(2)学习及掌握单片机与步进电机接口电路连接及控制方法。

(3)学习及掌握步进电机控制程序的设计方法。

2. 实验设备

(1)ZY15MCU12BC2 单片机实验开发装置一台。

(2)PC 系列微机及相关软件。

3. 实验内容及要求

(1)同实验 1。

(2)同实验 1。

(3)步进电机工作原理。

步进电机是现代数字控制技术中最早出现的执行部件,其特点是可以将数字脉冲信号直接转换为一定数值的机械角位移,并且能够自动产生定位转矩使转轴锁定。步进电机本质上是一个数字/角度转换器。图 4-23 所示为三相电机结构示意图。

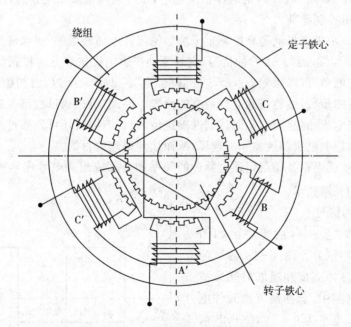

图 4-23　三相步进电机结构示意图

由图 4-23 可知步进电机的定子铁心上有 6 个等分磁极:A、A′、B、B′、C、C′,相邻两个磁极间夹角为,各相夹角为,相对的两个磁极组成一组 A—A′,B—B′,C—C′。定子每个磁极上均匀分布了 5 个矩形小齿,电机转子圆周上也均匀的分布着 40 个小齿,相邻齿夹角为。利用电磁学的性质可知,在某相绕组通电时,相应的定子磁极将产生磁场,与转子形成磁路;如此时定子的小齿与转子的小齿没有对齐,则在磁场作用下,转子就转动一定角度,达到齿的对齐。

在图 4 - 22 三相单三拍控制方式下,当电机 A 相绕组通电,B、C 相不通电时,在磁场的作用下,转子齿和 A 相定子小齿对齐。设此状态为初始状态,并且令与 A 相磁极中心线对齐的转子齿为 0 号齿。由于 B 相磁极与 A 相磁极相差 120°,可知 $\frac{120°}{9°}=13\frac{1}{3}$,不为整数,即此时转子齿与 B 相定子小齿不对齐,只是转子的 13 号齿靠近 B 相磁极中心线,且相差 $\frac{1}{3}$ 个齿,即相差 3°。如果此时突然变为 B 相通电,而 A、C 相都不通电,那么,13 号齿就会在磁场的作用下转到与 B 相磁极中心线对齐的位置,于是转子就转动了 $\frac{1}{3}$ 个齿,即转动 3°这个转动角度称为步距角 φ,这就是常说的步进电机"走了一步"。这样,按照 A→B→C→A 顺序通电 1 次,可以使转子转动。

由此得到步进电机的步距角计算公式如下:

$$\varphi=\frac{360°}{NZ}$$

式中:Z 为转子齿数;$N=MC$ 为运行拍数;其中 M 为控制绕组相数,C 为状态系数,单三拍或双三拍时 $C=1$,单六拍或双六拍时 $C=2$。

同理,若按照 A→C→B→A 的顺序依次通电,步进电机则按相反方向转动 90°。

(4)步进电机控制原理。

由前述可知,步进电机就是靠控制定子绕组轮流通电而转动的,驱动绕组的电压为直流 12V,当步进驱动器接收到一个脉冲信号,它就驱动步进电机按照方向控制信号所指示的方向转动一个固定的角度(步距角 φ),即步进电机"走"了 1 步。所以,由初始位置,只要知道步距角 φ 和走过的步数,便能得到电机最终的位置。因此,可以通过控制步进驱动器输入脉冲数来控制步进电机角位移量,从而达到准确定位的目的;同时还可以通过控制步进驱动器输入脉冲频率来控制电机的速度和加速度,从而达到调速的目的。

综上所述,步进电机各相绕组通电脉冲的频率和各相绕组通电顺序是控制步进电机转速和转动方向的关键技术。

① 脉冲序列信号

步进电机要"步进",就得产生如图 4 - 24 所示的脉冲信号。图 4 - 24 的脉冲序列是用周期、脉冲高度和通断时间来描述的。在数字电路中,脉冲高度由元件电平决定,如 TTL 电平为 0~5V,COMS 电平为 0~10V。步进电机每一步的响应,都需要一定的时间,即一个高脉冲要保留一定的时间,以便电机完全达到一定的位

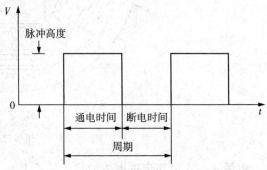

图 4 - 24　脉冲序列信号示意图

置。步进电机转动角度大小与施加在绕组上的脉冲成正比。通断的时间可以利用延时在软件中实现,脉冲序列频率决定了步进电机的实际工作速率(转速)。可通过不同长度的延时来得到不同频率的步进电机输入脉冲,从而改变步进电机的转速。

②　方向控制信号

步进电机转动方向与输入脉冲的顺序有关,电机的转速既取决于控制绕组的通电频率,又取决于绕组的通电方式,表 4-4 给出三相步进电机的转动方向与各相绕组通电顺序和通电方式的对应关系。其他四相、五相、六相步进电机可以相似而得。

表 4-4　三相步进电机转动对应关系表

通电方式	通电顺序	转动方向
单三拍	A→B→C→A	正转
双三拍	AB→BC→CA→AB	正转
三相六拍	A→AB→B→BC→C→CA→A	正转
单三拍	A→C→B→A	反转
双三拍	AB→CA→BC→AB	反转
三相六拍	A→CA→C→BC→B→AB→A	反转

(5)单片机控制步进电机方法及接口电路。

步进电机各绕组通电脉冲的频率和各相绕组通电顺序是控制步进电机转速和转动方向的关键技术。由单片机 I/O 引脚输出脉冲信号,信号周期可采用软件延时或定时器定时实现,各相绕组通电顺序(方向控制信号)通过程序控制字控制对应的 I/O 引脚输出实现。

由于单片机的输出电压非常微弱(0~5V),不能直接驱动步进电机,从单片机输出的电压信号必须经过放大电路放大后才可以驱动步进电机。ZY15MCU12BC2 实验平台步进电机驱动器由 2 片驱动芯片 75452 实现,75452 是双外围器件驱动芯片,其引脚和内部逻辑图如图 4-25(a)、(b)所示。

75452 内部由两个与非门及三极管放大电路构成,图 4-25(a)中 1A、1B 和 2A、2B 分别是内部两个与非门的输入引脚,接收外部数字脉冲信号,输入信号经内部三极管放大后通过引脚 1Y、2Y 输出。

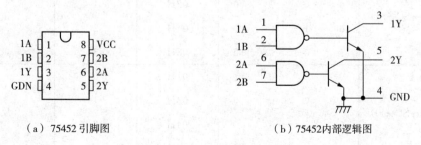

(a) 75452 引脚图　　　　(b) 75452 内部逻辑图

图 4-25　75452 引脚及逻辑图

ZY15MCU12BC2 实验平台步进电机驱动器为四相四拍驱动,四相步进电机驱动器接口电路如图 4-26 所示。

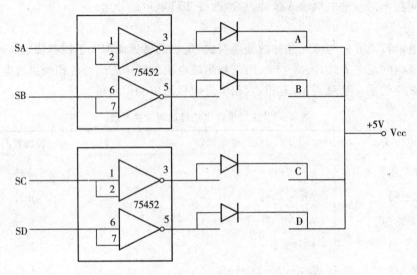

图 4-26　实验平台四相步进电机驱动器接口电路图

图中 SA、SB、SC、SD 分别是 2 片 75452 的输入信号,单片机 $P_{1.0} \sim P_{1.3}$ 接 SA~SD,由 P_1 口按四相四拍顺序输出控制码驱动步进电机运转,步进电机的步距角 $\varphi = 3.6°$,即电动机转动 1 周为 100 步。

驱动电路由脉冲信号来控制,电机转动方向与线圈通电顺序有关。根据四相四拍控制方法,步进电机正转和反转时 SA、SB、SC、SD 通电顺序如下:

步进电机正转:$\boxed{\rightarrow SA \rightarrow SB \rightarrow SC \rightarrow SD \rightarrow}$

步进电机反转:$\boxed{\rightarrow SA \rightarrow SD \rightarrow SC \rightarrow SB \rightarrow}$

各线圈通电顺序与 $P_{1.0} \sim P_{1.3}$ 脉冲分配方式产生的励磁逻辑如表 4-5 所示。

表 4-5　四相单四拍步进电机转动励磁逻辑表

通电顺序	四相单四拍				控制字	拍数	转动方向
	$P_{1.3}$	$P_{1.2}$	$P_{1.1}$	$P_{1.0}$			
SA→SB→SC→SD	0	0	0	1	01H	0	正转
	0	0	1	0	02H	1	
	0	1	0	0	04H	2	
	1	0	0	0	08H	3	
SA→SD→SC→SB	0	0	0	1	01H	0	反转
	1	0	0	0	08H	1	
	0	1	0	0	04H	2	
	0	0	1	0	02H	3	

(6)实验接口电路连接。

单片机 $P_{1.0}$~$P_{1.3}$ 接 SA、SB、SC、SD 和指示灯 L_0、L_1、L_2、L_3 端,当 $P_{1.i}$($i=0$~3)为"1"时对应线圈通电,此时指示灯应熄灭。(注意:不做此实验时,步进电机应关闭,使用步进电机手动开关实现。)

编写并调试步进电机正向驱动子程序、反向驱动子程序和主程序,使步进电机按图 4-27 所示循环工作。

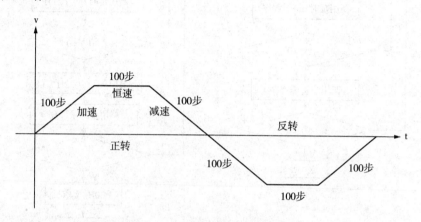

图 4-27　步进电机转速变化图

(7)实验程序包括主程序、加速子程序、恒速子程序、减速子程序和步进子程序,程序流程图如图 4-28 所示。

其中 40H 单元存放步进电机状态值,0~3 分别对应驱动器 SA、SB、SC、SD 端口。

20H 单元存放 P_1 状态值,$P_{1.0}$~$P_{1.3}$ 为步进电机通电控制字,$P_{1.7}$ 接指示灯 L_7 端,指示电机正转、反转:L_7 灯亮,电机反转;L_7 灯灭,电机正转。

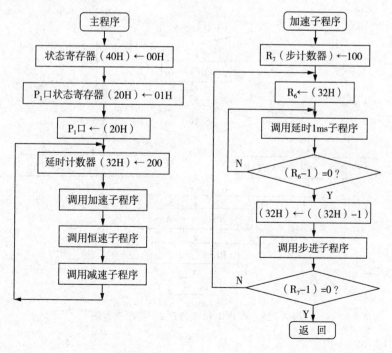

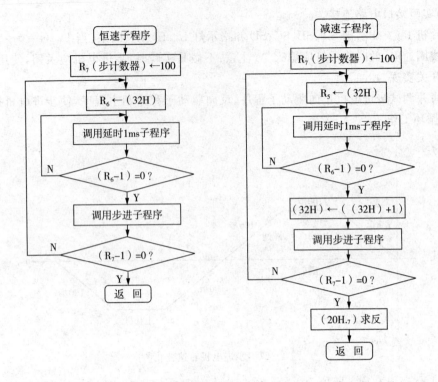

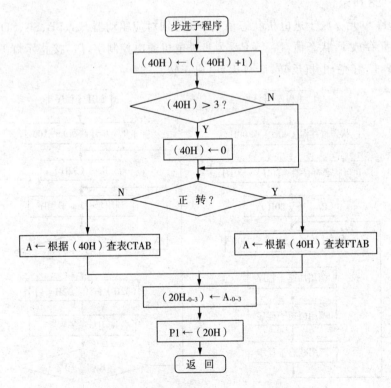

图 4 - 28　步进电机主程序、子程序流程图

步进电机正转状态表:FTAB:01H、02H、04H、08H;

步进电机反转状态表:CTAB:01H、08H、04H、02H。

(8)实验程序(略)。ZY12232.ASM。

(9)在μVision3 开发平台上输入程序,编译、链接程序。

(10)调试、运行程序。

① 实验电路连接见"图 4-8 步进电机实验电路图"。

② 将 01H,02H,04H,08H,01H,02H,04H,08H,…,写入 P_1 口,观察步进电机转动是否正常,指示灯 $L_3 \sim L_0$ 的状态与写入 P_1 口的值有何关系。

③ 设置初值:P_1 口←01H,(20H)←01H,(40H)←0,观察步进电机是否为正转现象; P_1 口←81H,(20H)←81H,(40H)←0,观察步进电机是否为反转现象。

④ 修改(32H)单元初值,测试步进电机能够达到的最大转速。

(11)实验结束,拆除接线,将一切整理复原。

4. 实验预习要求

(1)认真阅读、理解实验指导书并领会本次实验目的要求与实验内容。

(2)仔细阅读步进电机工作原理、单片机控制方法、实验平台接口电路等内容。

(3)仔细阅读步进电机实验程序。

5. 实验报告要求

(1)按实验顺序,记录并分析实验数据。

(2)画出实验程序框图,列出实验程序清单。

(3)写出实验结果、实验体会及对实验的改进意见。

实验 16　自行设计实验

前面列出了在 ZY15MCU12BC2 单片机实验开发平台上的 15 个硬件实验项目。这 15 个实验项目可以全做,也可以选做。当然,ZY15MCU12BC2 单片机实验开发平台是一个开放式的实验箱,实验的内容千变万化,每个实验模块可以独立,也可以组合为综合实验项目,操作灵活方便,具有适宜于学生自选或自行设计实验内容的优点,教师可留出部分实验时间,让学生自拟实验内容,对准学生各自的疑难点、兴趣点或学习关键点,从而有效地提高学习收获,激发学生的创新思想,提高学生的动手能力及思考问题、解决问题的能力。

自行设计实验的实验目的、实验内容等各项,可由学生参考前 15 个实验的基础上自拟。这一阶段实验的总目的,大体围绕学习掌握单片机内部资源的工作原理和功能、掌握常用的可编程接口芯片的功能与应用、掌握单片机系统常用接口电路的设计方法等方面进行。

自行设计实验后的实验报告仍应交实验指导教师审阅,并记录成绩,这有利于教师了解学生的学习情况,也有助于教师积累实验教学经验,以不断改进教学方法,提高教学质量。

第2部分 课程设计指导书

第5章 课程设计的实施方案

5.1 目的与意义

单片机原理及应用是一门技术性、应用性、实践性很强的课程,实验课教学是它的一个极为重要的教学环节。本教材分为基础性实验指导和综合设计实验指导两部分。基础性实验指导为教材的第1部分,主要介绍 Keil Cx51 开发工具μVision3 平台的基本操作、Proteus仿真平台的基本操作、程序设计方法、程序调试,单片机内部资源工作原理和接口应用等内容。这些实验在相关章节的课堂教学结束时即进行实验验证,有利于加深学生对所学知识的理解,掌握开发平台的使用和调试方法。综合设计实验指导为教材的第2部分,通过单片机系统课程设计教学环节完成。在课程设计过程中,学生在教师指导下,运用工程的方法,在 ZY15MCU12BC2 开发平台或在 Proteus 仿真平台上完成一个基于单片机的嵌入式应用系统的开发设计工作。

单片机系统课程设计是培养学生知识转化为能力和能力转化为工程素质的重要阶段。通过系统设计的综合训练达到以下目的:

(1)巩固理论知识,训练学生综合运用专业及基础知识解决生产实际问题的工程应用能力以及分析、解决问题的能力。让学生通过做课题,"解剖麻雀",熟悉单片机应用系统开发、研制的一般过程,掌握单片机应用系统各主要环节的软、硬件设计和调试方法。

(2)训练学生独立工作的能力和创造力。例如查阅文献资料、产品手册和各种工具书、工程电路绘图、编写说明书、硬件测试、软件编程、调试等;掌握相关软件的操作技能和相关仪器设备的使用技能,掌握常用电子器件的技术参数规范和使用方法。

(3)培养学生严肃认真的工作作风和实事求是的科学态度,通过课程设计实践,帮助学生逐步建立正确的生产观念、工程观念和全局观点。

(4)培养学生团队协作精神。

课程设计的时间以 2 周左右为宜。可以集中在 2 周,也可以安排 4 周的时间,在每个下午完成。

5.2　课程设计任务书

5.2.1　课程设计的任务

课程设计属于综合设计性和创新性实验,其内容应具备综合性、设计性和应用性三大特征,根据课程设计实验特点精心选择了 23 个课程设计课题,如表 5-1 所示。这些课题取材于生产实际和日常生活应用,大小适度且具有可操作性。由教师提出课题任务和课题的技术指标要求,学生自己通过查阅文献资料到设计课题实施方案,最终独立完成设计方案的设计任务并撰写课程设计报告。课题内容的详细描述见第 6 章。

表 5-1　课程设计课题

序　号	题　目
1	电脑时钟
2	作息时间控制系统
3	智能电能表
4	交通灯管理系统
5	巡回检测系统
6	光电计数器
7	转速表
8	智能频率、周期测量仪
9	收银机
10	锅炉水位控制器
11	电子密码锁
12	智力竞赛抢答器
13	汽车信号灯控制系统
14	多种波信号发生器
15	数字电压表
16	步进电机控制系统
17	模拟电梯控制系统
18	照相机自拍控制器
19	智能车速里程表
20	出租车计价器
21	电子课程表系统
22	简易电子琴
23	自拟课题

为了有效地激发学生的创新思想,提高独立思考问题的能力和解决问题的能力,表 5-1 中课题"23"内容为学生自拟应用系统课题,学生可以根据各自的兴趣点、疑难点或学习关键点以及嵌入式系统的新技术和新器件应用等方面自行设计课题内容和要求;自拟课题应提交实验指导教师审阅通过,指导教师对自拟课题主要在课题的深度和工作量上审核把关。

5.2.2 课程设计的要求

表 5-1 所示每个设计课程的任务分为基本要求和附加要求两类。基本要求是每人必须完成的课题设计内容,附加要求则是在完成基本设计任务的基础上对课题功能的扩展设计,学生应根据自己对单片机掌握和运用的情况及时间安排选做。附加要求给部分学有余力的同学们开动脑筋发挥自己的创造性思维提供了空间。课程设计要求的详细描述见第6章。

5.2.3 课程设计任务书写作要求

1. 封面(见附录 1)

2. 内容提要

3. 目录

4. 正文

5. 概述所做课题的意义、系统的设计方案及主要功能和本人所做的工作

(1)系统硬件电路设计;

(2)系统软件设计流程;

(3)源程序代码(要有注释)。

6. 课程设计体会

写出课程设计过程中实验运行结果、现象、体验与收获(调试过程中印象深刻的经验和教训等)。

7. 参考文献

5.3 考核及成绩

本教学环节必须有成绩考核。

(1)考核办法

演示所设计的系统,回答教师所提出的问题,检查课程设计报告以及考勤情况。

(2)考核成绩

课程设计的最终成绩分为优秀、良好、中等、及格、不及格五等。

第6章 课程设计选题

选题 1 电脑时钟

时钟在日常生活中的使用极为广泛,用单片机实现钟的走时功能,构成电脑时钟,实用性很强。学生在学习单片机理论知识并进行了单片机实验的基础上,将已掌握的单片机理论知识和实践技能连贯起来,再进行综合性课题的研发,对提高单片机应用系统的独立设计和编程能力帮助很大。在课题的设计过程中,学生可对照自己的钟表进行检验和思考,提高学习兴趣。同时,以电脑时钟为基础,还可以延伸、拓展出许多其他用途的课题。

1. 课题概况

用单片机实验装置模拟时钟,显示时、分、秒。

本课题的硬件部分比较简单,除了利用现有的目标板实验装置外,可以不用添加器件。设计的电脑时钟主要具有以下功能。

(1)用单片机内部定时器/计数器 T_0 来产生标准的秒信号(1s)。

为了产生 1s 定时信号,以十分之一秒(0.1s)作为时钟的最小计时单位,设置计数缓冲区,用来存放时、分、秒、十分之一秒的十进制数值(20H~23H 单元),每到 0.1s,定时器/计数器 T_0 中断溢出,在中断服务程序中用软件计数器计数(23H 单元的内容加 1),当计数到 10 次,即为 1s,使秒单元(22H 单元)的内容加 1,同时使十分之一秒单元复位;当秒单元的内容为 60 时,使分单元(21H 单元)的内容加 1,同时使秒单元复位;当分单元的内容为 60 时,使时单元(20H 单元)的内容加 1,同时使分单元复位;当时单元的内容为 24 时,计数缓冲区复位。

(2)在实验装置的 LED 数码管上显示小时数(00~23),分(00~59),秒(00~59)。

为了在 LED 管上显示时、分、秒,可将单片机片内 RAM 的 79H~7EH 这 6 个单元用作显示缓冲区,具体分配如表 6-1 所示。

表 6-1 显示缓冲区分配表

79H	7AH	7BH	7CH	7DH	7EH
时	时	分	分	秒	秒
十位	个位	十位	个位	十位	个位

单片机实验装置上的 6 个数码管自右到左分别显示 79H～7EH 单元的内容，须将计数缓冲区内的时、分、秒值取出送入显示缓冲区中。通过拆数、查表换码输出显示，从而构成一电脑数字时钟。

(3)在实验装置的小键盘上输入当前时间值。

当程序开始执行后，6 个 LED 管均显示"0"作为系统提示符，从键盘键入当前时间值，时间值键入时，从高位到低位依次键入时十位、时个位、分十位、分个位、秒十位、秒个位，时间值键入后，应有检测程序检测键入的时间值是否合理：当键入的"时"的值大于 23，"分"或"秒"的值十位大于 59，或者错按了字母键时，系统显示回到原始状态——6 个数码管全部显示系统提示符"0"，要求重新键入时间值。时间值正确键入后，按启动功能键(须设置一启动键)启动走时开始。

2. 设计要求

(1)基本要求

本设计课题硬件部分要求画出系统模块连接图，组成系统，并在其上调试自己设计、编制的程序，直到正确、完善达到要求为止。在软件程序设计方面，要完成以下基本内容：

系统为基本走时机构。走时的起始值在程序的初始化阶段设置，起始值可以像秒表那样时、分、秒都设置为零，或者由设计者指定为任意值，例如"23h-59min-57s"。系统程序执行初始化后，立即开始走时，无须设置启动功能键。

(2)附加要求

附加要求则是根据学生学习单片机掌握和运用的情况来选做，这给同学们开动脑筋发挥自己的创造性思维留出了空间。

系统为电脑数字时钟。当程序开始执行后，6 个 LED 管均显示"0"作为系统提示符，应有检测程序，检测键入的时间值是否合理：当键入的"时"的值大于 23，"分"或"秒"的值十位大于 59，或者错按了字母键时，系统显示回到原始状态——6 个数码管全部显示系统提示符"0"，要求重新键入时间值。时间值正确键入后，按启动功能键(须设置一启动键)启动，走时开始。最后，分析时钟系统的误差。

电脑时钟参考程序：

```
            ORG     0000H
            LJMP    CHK0
            ORG     000BH
            LJMP    CLOCK
            ORG     0030H
CHK0：      MOV     SP,#60H
            LCALL   LCK0
            LCALL   PTDS0
            MOV     TMOD,#01H
            ORL     IE,#82H
            MOV     TL0,#0B7H
            MOV     TH0,#3CH
```

```
            MOV     23H,#00H
            SETB    TR0
LOO5:       LCALL   SSEE
            LCALL   PTDS0
            SJMP    LOO5
PTDS0: MOV      R0,#79H
            MOV     A,22H
            ACALL   PTDS
            MOV     A,21H
            ACALL   PTDS
            MOV     A,20H
            ACALL   PTDS
            RET
PTDS: MOV      R1,A
            ACALL   PTDS1
            MOV     A,R1
            SWAP    A
PTDS1: ANL      A,#0FH
            MOV     @R0,A
            INC     R0
            RET
CLOCK: MOV      TL0,#0B7H
            MOV     TH0,#3CH
            PUSH    PSW
            PUSH    Acc
            SETB    0D3H
            INC     23H
            MOV     A,23H
            CJNE    A,#0AH,DONE
            MOV     23H,#00H
            MOV     A,22H
            INC     A
            DA      A
            MOV     22H,A
            CJNE    A,#60H,DONE
            MOV     22H,#00H
            MOV     A,21H
            INC     A
            DA      A
```

```
            MOV     21H,A
            CJNE    A,#60H,DONE
            MOV     21H,#00H
            MOV     A,20H
            INC     A
            DA      A
            MOV     20H,A
            CJNE    A,#24H,DONE
            MOV     20H,#00H
DONE:       POP     Acc
            POP     PSW
            RETI
            ORG     0D50H
SSEE:       SETB    RS1
            MOV     R5,#05H
SSE2:       MOV     30H,#20H
            MOV     31H,#7EH
            MOV     R7,#06H
SSE1:       MOV     R1,#21H
            MOV     A,30H
            MOVX    @R1,A
            MOV     R0,31H
            MOV     A,@R0
            MOV     DPTR,#DDFFH
            MOVC    A,@A+DPTR
            MOV     R1,#22H
            MOVX    @R1,A
            MOV     A,30H
            RR      A
            MOV     30H,A
            DEC     31H
            MOV     A,#0FFH
            MOVX    @R1,A
            DJNZ    R7,SSE1
            DJNZ    R5,SSE2
            CLR     RS1
            RET
DDFF:       DB 0C0H,0F9H,0A4H,0B0H,99H,92H,82H,0F8H,80H,90H
            DB 88H,83H,0C6H,0A1H,86H,8EH,0FFH,0CH,89H,0DEH
```

```
            ORG     1D00H
X₃:         MOV     R₄,A
            MOV     R₀,#59H
            MOVX    A,@R₀
            MOV     R₁,A
            MOV     A,R₄
            MOV     @R₁,A
            CLR     A
            POP     DPₕ
            POP     DPₗ
            MOVC    A,@A+DPTR
            INC     DPTR
            CJNE    A,01H,X₃₀
            CLR     A
            MOVC    A,@A+DPTR
X₃₁:        MOVX    @R₀,A
            INC     DPTR
            PUSH    DPₗ
            PUSH    DPₕ
            RET
X₃₀:        DEC     R₁
            MOV     A,R₁
            SJMP    X₃₁
            MOV     R₆,#50H
X₀:         ACALL   XLE
            JNB     A_{CC.5},XX₀
            DJNZ    R₆,X₀
            MOV     R₆,#20H
            MOV     R₀,#59H
            MOVX    A,@R₀
            MOV     R₀,A
            MOV     A,@R₀
            MOV     R₇,A
            MOV     A,#10H
            MOV     @R₀,A
X₁:         ACALL   XLE
            JNB     A_{CC.5},XX₁
            DJNZ    R₆,X₁
            MOV     A,R₇
```

```
              MOV    @R₀,A
              SJMP   X₂
XX₁:          MOV    R₆,A
              MOV    A,R₇
              MOV    @R₀,A
              MOV    A,R₆
XX₀:          RET
XLE:          ACALL  DIS
              ACALL  KEY
              MOV    R₄,A
              MOV    R₁,#48H
              MOVX   A,@R₁
              MOV    R₂,A
              INC    R₁
              MOVX   A,@R₁
              MOV    R₃,A
              MOV    A,R₄
              XRL    A,R₃
              MOV    R₃,04H
              MOV    R₄,02H
              JZ     X₁₀
              MOV    R₂,#88H
              MOV    R₄,#88H
X₁₀:          DEC    R₄
              MOV    A,R₄
              XRL    A,#82H
              JZ     X₁₁
              MOV    A,R₄
              XRL    A,#0EH
              JZ     X₁₁
              MOV    A,R₄
              ORL    A,R₄
              JZ     X₁₂
              MOV    R₄,#20H
              DEC    R₂
              SJMP   X₁₃
X₁₂:          MOV    R₄,#0FH
X₁₁:          MOV    R₂,04H
              MOV    R₄,03H
```

```
X₁₃:    MOV     R₁,#48H
        MOV     A,R₂
        MOVX    @R₁,A
        INC     R₁
        MOV     A,R₃
        MOVX    @R₁,A
        MOV     A,R₄
        RET
LS₃:    DB 07H,04H,08H,05H,09H,06H,0AH,0BH
        DB 01H,00H,02H,0FH,03H,0EH,0CH,0DH
DIS:    PUSH    DPH
        PUSH    DPL
        SETB    RS₁
        MOV     R₀,#7EH
        MOV     R₂,#20H
        MOV     R₃,#00H
        MOV     DPTR,#LS₀
LS₂:    MOV     A,@R₀
        MOVC    A,@A+DPTR
        MOV     R₁,#22H
        MOVX    @R₁,A
        MOV     A,R₂
        DEC     R₁
        MOVX    @R1,A
        DEC     R₀
LS₁:    DJNZ    R₃,LS₁
        CLR     C
        RRC     A
        MOV     R₂,A
        JNZ     LS₂
        INC     R₁
        MOV     A,#0FFH
        MOVX    @R₁,A
        CLR     RS₁
        POP     DPL
        POP     DPH
        RET
LS₀:    DB 0C0H,0F9H,0A4H,0B0H,99H,92H
        DB 82H,0F8H,80H,90H,88H,83H,0C6H
```

```
            DB 0A1H,86H,8EH,0FFH,0CH,89H,7FH,0BFH
KEY:    SETB    RS₁
        MOV     R₂,#0FEH
        MOV     R₃,#08H
        MOV     R₀,#00H
LP₁:    MOV     A,R₂
        MOV     R₁,#21H
        MOVX    @R₁,A
        RL      A
        MOV     R₂,A
        MOV     R₁,#23H
        MOVX    A,@R₁
        CPL     A
        ANL     A,#0FH
        JNZ     LP₀
        INC     R₀
        DJNZ    R₃,LP₁
        MOVX    A,@R₁
        JB      A_CC.4,XP₃₃
        MOV     A,#19H
        SJMP    XP₃
XP₃₃:   MOV     A,#20H
XP₃:    CLR     RS₁
        RET
LP₀:    CPL     A
        JB      A_CC.0,XP₀
        MOV     A,#00H
        SJMP    LPP
XP₀:    JB      A_CC.1,XP₁
        MOV     A,#08H
        SJMP    LPP
XP₁:    JB      A_CC.2,XP₂
        MOV     A,#10H
        SJMP    LPP
XP₂:    JB      A_CC.3,XP₃₃
        MOV     A,#18H
LPP:    ADD     A,R₀
        CLR     RS₁
        CJNE    A,#10H,LX₀
```

```
LX₀:     JNC     XP₃₅
         MOV     DPTR,♯LS₃
         MOVC    A,@A+DPTR
XP₃₅:    RET
LCK₀:    LCALL   X₁
         JNC     LCK₁
         LCALL   X₃
         MOV     R₁,♯7EH
         SJMP    LCK₀
LCK₁:    CJNE    A,♯16H,LCK₀
         MOV     A,7AH
         SWAP    A
         ORL     A,79H
         MOV     22H,A
         CJNE    A,♯60H,LCK₂
LCK₂:    JNC     EXIT
         MOV     A,7CH
         SWAP    A
         ORL     A,7BH
         MOV     21H,A
         CJNE    A,♯60H,CLK₃
CLK₃:    JNC     EXIT
         MOV     A,7EH
         SWAP    A
         ORL     A,7DH
         MOV     20H,A
         CJNE    A,♯24H,CLK₄
CLK₄:    JNC     EXIT
         RET
EXIT:    AJMP    LCK₀
         END
```

选题 2　作息时间控制系统

　　在机关、企业,特别是学校都要对作息时间加以控制,要按时打铃及播放广播等,以保证学习与工作正常进行。大学里的上、下课作息时间如表 6 - 2 所示。并规定,每节课的开始和结束都要打铃 10s;在 9:25 要自动播放广播操或音乐等等。在课题 1 的基础上稍做更改,便可成为一个作息时间自动循环打铃装置。

表 6-2　作息时间表

时　　间	内　　容
7:30～8:20	第一节课
8:30～9:20	第二节课
9:25～9:35	播放广播操或音乐
9:40～10:30	第三节课
10:40～11:30	第四节课
2:30～3:20	第五节课
3:30～4:20	第六节课
4:30～5:20	第七节课

1. 课题概况

用单片机实验装置模拟时钟,根据需要,在一些特定的时刻送出相应的控制信号,驱动电铃发声(可以用实验装置上的蜂鸣器代替电铃发声),以完成预定的控制要求。

本课题的硬件部分以电脑时钟系统为基础,另外增加以下内容:

(1)设置控制电铃通断的控制信号(可用 $P_{2.0}$ 作控制信号),设置控制播音设备通断的控制信号(可用 $P_{2.1}$ 作控制信号)。P_2 口的其他 6 位信号未用,可设置为"111111"。P_2 口输出操作码和对应的控制功能如表 6-3 所示。

表 6-3　P_2 口输出操作码及控制功能对应表

操作码	控制功能
FEH(11111110B)	启动电铃
FDH(11111101B)	播放广播操或音乐
FFH(11111111B)	关闭电铃与播音设备
00H(00000000B)	结束码,停止系统工作

将单字节的操作码与要求作该项操作的时间(时、分、秒)结合在一起,可组成一个四字节的控制字,时、分、秒都采用 2 位 BCD 码,控制字格式如图 6-1 所示。

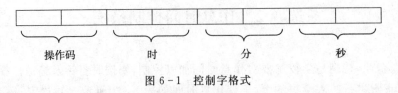

图 6-1　控制字格式

对照系统提出的控制要求,设置控制字表存放在内存中,控制字及内存单元分配如表 6-4 所示。

表 6-4　控制字及内存单元分配表

内存单元	控制字	控制功能
08H～0BH	FE080000	第一节课上课铃响
0CH～0FH	FF080010	10s 后电铃停止
10H～13H	FE084500	第一节课下课铃响
14H～17H	FF084510	10s 后电铃停止
18H～1BH	FE085500	第二节课上课铃响
1CH～1FH	FF085510	10s 后电铃停止
20H～23H	FE094000	第二节课下课铃响
24H～27H	FF094010	10s 后电铃停止
28H～2BH	FE094500	播放广播或音乐
2CH～2FH	FF094510	播音设备关闭

（2）添加由 $P_{2.0}$、$P_{2.1}$ 控制电铃和播音设备的控制电路。系统主程序可参考电脑时钟程序，但要增加一段控制子程序，将当前的时间与控制字中的时间值相比较，如相等，就送出相应的操作码，对电铃、播音设备进行控制。

2. 设计要求

（1）基本要求

本设计课题要求画出硬件部分系统硬件电路图，编写控制子程序供电脑时钟主程序调用。在调试程序时，要求整个系统工作正常、显示正确、结果满意，并希望同学能深入思考、精益求精，提出对课题的改进意见。

（2）附加要求

① 如控制字表太长，单片机内部 RAM 容纳不下，应如何处理？控制字现有 4 个字节，能否只占 3 个字节或 2 个字节？还有其他办法压缩控制字吗？

② 每次打铃 10s 可否改为软件延时？播音设备每次工作 10min，可否不做两次控制，而采用软件延时关闭的办法。

③ 操作码不放在控制字中，可行吗？或不用操作码，改用标志位，也一样吗？能否不采用控制字，利用 51 单片机强大的位操作功能，提出一种新的控制办法。

上述附加要求可作为思考题，在时间与条件允许的情况下，鼓励学生思考、交流、讨论，将自己的观点具体化。

选题 3　智能电能表

随着我国经济社会的快速发展，电力需求增长迅猛，用电紧张的问题已经严峻地摆在了我们的面前。而电能又是不能储存的特殊商品，白天用电多，晚上用电少，用电高峰时电力供不应求，用电低谷时电力过剩，这给电力生产和电网调度都出了个难题。采用分时电价，可以利用价格杠杆,有效减少地区高峰负荷,起到"削峰填谷"的作用,有助于缓解峰谷用电矛盾,从而提高电能利用效率。

所谓"分时电价",是指在不同的用电时间实行不同的电价。根据用户用电需求和电网在不同时段的实际负荷情况,将每天的时间划分为高峰(可设置为 6:00~22:00)、低谷(可设置为 22:00~6:00)两个时段,对各时段分别制定不同的电价水平(高峰时段电价为 0.80元/度,低谷时段电价为 0.60 元/度),从而发挥电价的调节作用,鼓励用电客户调整用电负荷,移峰填谷,合理使用电力资源,充分挖掘发、供、用电设备的潜力。

要执行"分时电价"就要有分时计费功能的智能型电能表,而传统的机械电能表显然无法实现这种分时计费功能。可考虑在普通电能表的基础上进行改进,增加基于单片机控制的相关电子部分实现分时计费功能。显然,此设计方案具有相当广阔和诱人的推广前景。

1. 课题概况

用单片机来控制普通电能表,实现分时计费功能。

首先,要获得电能表上的用电量,最简单的办法是在电能表(不论三相或单相)的旋转铝盘上打一个很小的检测孔提取光脉冲,铝盘每转一圈,给出一个脉冲信号,经光电耦合并加以整形放大后转换成电脉冲。我们知道,电能表的铭牌上标有每 kW·h 多少转,其含义为电能表转数每达到这一数值即是用了 1 度电(1 度=1kW·h)。若将从电能表上提取转换后的电脉冲信号送入 51 单片机的 T_1 端并进行计数,根据计数值则可以计算出电能表的用电量。可用实验室常备的普通信号发生器送出脉冲信号代替电能表的转数信号,送入 51 单片机的 T_1 端($P_{3.5}$引脚)。

其次,要把不同时段的用电量分别存放在不同的存储单元里,然后各乘以不同的单价,再把其积相加以求得总的电费。要解决这一问题,需要用到一个绝对的时间标准,通常采用Motorola 公司的 MC146818 可编程时钟芯片,将计费段的时间储存起来,在各时段开始时向单片机的 INT0(P3.2 引脚)端发出中断请求信号后,在不同计费时段里使系统转向执行不同的电费计算子程序。也可以不用 MC146818 可编程时钟芯片,而用课题 1 的电脑时钟代替。

再次,增加以下功能键:

功能键 1——显示高峰时间段内累计用电量;

功能键 2——显示低谷时间段内累计用电量;

功能键 3——显示高峰时间段内累计电费;

功能键 4——显示低谷时间段内累计电费;

功能键 5——累计用电量和累计电费清零,象征供电部门按月抄表、记取电费后清零,使下月用电重新开始累计。

最后,应考虑停电时电能表不转,无脉冲信号给出,但绝对时间标准仍须正常运转,否则整个系统将打乱,因此系统还应配置备用电源。

2. 设计要求

本设计课题与课题 1 电脑时钟是紧密相关的。在电脑时钟的基础上,再叠加本课题内容,将使整个单片机应用系统的内涵比较充实,对学生的锻炼、提高帮助较大。但课题设计的工作量较大,教师可考虑专业的不同、学生水平的差异与设计时间的长短,分配不同的设计任务。

(1)电脑时钟的设计作为一个设计单元分配。

(2)计数及电费计算作为一个设计单元分配。

(3)键盘功能作为一个设计单元分配。

让学生分工完成,写设计任务书时仍要求包含全部内容。

选题 4　交通灯管理系统

在城市街道的十字、丁字等交叉路口及公路路口,为了维护路口秩序,改善路口通行率,使车辆、行人顺利通行,避免交通事故的发生,都设置了交通灯作为指示行人及车辆通行的信号标志。交通灯一般分为红、黄、绿三种形式。红灯作为禁止通行的信号标志,绿灯作为允许通行的信号标志,通、禁行的工作时间一般为 30s,黄灯作为通禁行的间隔信号标志,黄灯的工作时间一般为 2s。交通灯管理系统就是采用单片机作为核心单元,自动控制交通路口红、黄、绿灯的点亮和熄灭的时间,指挥路口的车流与行人顺利通行,保证路口的交通安全。

1. 课题概况

用单片机模拟双干线交通灯的管理。

(1)设有一个南北(SN)向和东西(WE)向的十字路口,两方向各有两组相同交通控制信号灯,每组各有 3 盏信号灯,分别为绿灯(G)、红灯(R)和黄灯(Y)。交通信号灯布置如图 6-2 所示,要求各灯定时交替变化。

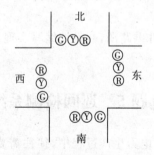

图 6-2　交通信号灯示意图

系统配置两对 LED 显示器和紧急车辆放行的按钮(接 $P_{3.2}$ 引脚)及紧急车辆解除按钮(接 $P_{3.3}$ 引脚)。正常情况下两个干线上的红、黄、绿灯按表 6-5 所示状态进行转换,并以倒计时的方式将剩余时间显示在每个干线对应的两位 LED 显示器上,当有紧急车辆要通过时,按一次紧急车辆放行按钮,两个方向的红灯同时点亮,以禁止其他车辆通行;当紧急车辆通过后,再按一次紧急车辆解除按钮,恢复紧急车辆通过前的状态。

表6-5 交通灯状态转换表

状态	持续时间(s)	紧急放行按钮 P3.2	紧急解除按钮 P3.3	南北线			东西线			控制码
				绿灯 P3.7	黄灯 P3.6	红灯 P3.5	绿灯 P3.4	黄灯 P3.1	红灯 P3.0	
1	40	无效	无效	亮	灭	灭	灭	灭	亮	7EH
2	5	无效	无效	灭	闪亮	灭	灭	灭	亮	3EH
3	20	无效	无效	灭	灭	亮	亮	灭	灭	CFH
4	5	无效	无效	灭	灭	亮	灭	闪亮	灭	DDH
5	40	无效	无效	亮	灭	灭	灭	灭	亮	7EH
紧急	不定	点亮	无效	灭	灭	灭	灭	灭	亮	DEH
解除	无	无效	点亮	记忆	记忆	记忆	记忆	记忆	记忆	恢复

2. 设计要求

(1)本设计课题中,交通灯点亮、熄灭、闪亮时间可用单片机内部定时器产生。用单片机 P₁ 口做字形口,P₂ 口做字位口,接两对 LED 显示器。两组红、黄、绿交通指示灯可用 6 个发光二极管模拟,P3.0 接东西向红灯,P3.1 接东西向黄灯,P3.4 接东西向绿灯,P3.5 接南北向红灯,P3.6 接南北向黄灯,P3.7 接南北向绿灯。P3.2 接紧急车辆放行的按钮,P3.3 接紧急车辆解除的按钮。

允许紧急车辆优先通过也可以采用中断方式,以按键为中断申请。假定紧急车辆通过路口时间为 10s,10s 可采用软件延时,紧急车辆通过后,交通灯恢复中断前状态。

两对 LED 显示器可用 8255 芯片控制,这样单片机 P₁ 口可用来控制两组 6 个发光二极管。

(2)画出交通灯管理系统硬件电路图,并设计编写实现系统功能的软件程序。调试并运行程序。

选题5 巡回检测系统

在现代冶金、石油、化工以及电力生产过程中,往往需要测量和控制几十个点甚至几百个点的参数。虽然可以用常规的模拟仪表来完成测量和控制,但需要的仪表数量大,耗资多,维护不方便。随着计算机技术的发展,可以用单片机同时对几十个点进行检测,构成巡回检测系统。

所谓巡回检测就是对生产过程的各个参数以一定的周期进行检查和测量,检测的结果经计算机处理后再显示、打印和报警。由于采集的参数往往是温度、压力、流量、声音和位移等连续变化的模拟量,必须使用模/数转换器将模拟信号转换成数字量后,才能送入单片机进行处理。至于采样周期率,利用单片机内部定时器就可获得。

1. 课题概况

用单片机构成 8 路巡回检测系统。

(1)系统 8 路模拟信号用直流稳压电源引出电压经电位器分压接到 ADC0809 的输入端,作为模拟量输入。

(2)采样周期率为 1s,即每隔 1s 对 0809 的各通道轮流采集一个数据,每个通道均采集 1024 个数据。采集的数据可放在外部 RAM 中,数据存放的次序应与通道号一致,即从通道 0 开始,先依次存入每个通道的第一个数据,再存入各通道的第二个数据,直到各通道都存满 1024 个数据为止。

(3)ADC0809 转换结束的检测方式,可采用软件延时、扫描查询和外部中断任意一种方式。

(4)为了提高系统抗干扰能力,减少数据采集过程中出现的误差,应对采样数据进行数字滤波处理,数字滤波有多种方法,采用算术平均值法简单直观,易于编程实现。

(5)ADC0809 转换的数字量进入单片机后经 P_1 口输出,由 LED 显示器显示。LED 显示器显示的数字量至少要保持 30s,显示值应是十进制数据。

(6)ADC0809 的最高工作频率较低,单片机的 ALE 端要经过 5 分频后再接 ADC0809 的时钟引脚(CLK 端),可用 74LS90 芯片作分频器。

2. 设计要求

本设计课题硬件要增加 ADC0809 芯片和 74LS90 芯片,要求设计并画出系统硬件电路图,并完成硬件增加电路的安装及调试工作。系统软件应包含以下模块:

(1)采样率定时模块;

(2)巡回采样模块;

(3)数字滤波处理模块;

(4)数制转换及显示模块。

设计、编写系统各模块的软件程序并调试通过,画出各程序模块的流程图。

选题 6　光电计数器

在许多实际生产过程中都要对事件进行计数,例如,通过传送带上的货物要进行自动计数,自动统计流水线上的产品数量等,可见计数器在工业控制中有着广泛的应用。传统的数字计数器都是用中小规模数字集成电路构成的,不但电路复杂,而且成本高,功能修改也不易。用单片机制作的计数器可以克服传统数字电路计数器的局限,因此有着广阔的应用前景。

1. 课题概况

用单片机作为主控单元加上一个红外 LED 发光管、一个复合型光电晶体管、两个施密特触发器等元件构成光电计数器系统。

(1)系统利用红外 LED 发光管作为光源,光敏三极管接受计数脉冲,当光敏三极管未受到光照时,使光电管截止,其集电极输出高电平;当光敏三极管受到光照时,使光电管导通,集电极变为低电平,如此便在光敏三极管的集电极产生一个负脉冲。若将此脉冲接在单片机定时器/计数器的输入端,便可以进行光电计数。

(2)为了防止在计数过程中外界的干扰,用两个施密特触发器 74LS14 对负脉冲进行整形(将光电管集电极上缓慢上升的信号,变换成满足计数电路要求的 TTL 电平信号)。

(3)光电计数器的计数值通过单片机扩展的电路在 LED 显示器上显示出来(以十进制数据显示)。

2. 设计要求

(1)本设计课题硬件要增加光电信号转换电路,电路由复合型光电晶体管,74LS14 施密特触发器等元件组成。要求设计并画出系统硬件电路图,并完成硬件增加光电信号转换电路的安装及调试工作。

(2)要求使用单片机定时器/计数器 T_0 进行计数,将光电计数器的计数脉冲输入端接在单片机的 $P_{3.4}$(定时器/计数器 T_0 外部计数脉冲输入端)引脚上,单片机 P_1 口外接 8 个发光二极管或七段 LED 显示器显示当前的计数值。计数值可以实时显示当前值,也可以设定为 0.5s 显示一次。可以由单片机定时器/计数器 T_1 另加上一个软件计数器完成 0.5s 的定时,每当定时时间到,就从定时器/计数器 T_0 中读出当前计数值,并送到 P_1 口进行显示。为了方便起见,采用二极管静态显示,以二进制显示计数值(计数值显示也可以采用 7 段 LED 显示器显示,用十进制数据显示)。本系统还可以扩展计数值累加、暂停等功能。

(3)设计、编写系统定时、计数、显示等软件模块并调试通过,画出各程序模块的流程图。

选题 7 转 速 表

转速表广泛应用在许多生产实际中,目前使用的转速表大都是不含微型机的数字式转速表。其电路结构较复杂,测量范围与精度不能兼顾,而且采样时间长,难以测得瞬时转速,更不具备如转速值的永久储存、报警值的设置、按需要定时打印等功能。

单片机为智能化仪器提供了既经济又先进的技术手段。将单片机装在转速表中,使其成为一个完整的智能化仪表。

1. 课题概况

智能化转速表系统由主机、测量、显示、人机对话和打印、报警等几大单元构成。

(1)单片机、数据锁存器 74LS373 和程序存储器 2732 组成一个单片机最小系统,主要用于存放系统监控程序及应用程序。

(2)由单片机串行口、移位寄存器 74LS164 及 4 个 LED 数码管组成 4 位静态显示电路(串转并原理),用以显示转速。

(3)由传感器来的被测转速信号经限幅、放大、整形为标准的矩形脉冲信号,经分频器 CD4024 二分频后,送至单片机的 $\overline{INT_0}$ 引脚,作为单片机内部计数器的门控脉冲信号。计数脉冲由单片机 ALE 信号经分频器 74LS74 分频后送到单片机的 $T_0(P_{3.4})$ 引脚,由单片机的内部定时器/计数器 T_0 进行计数。计得的脉冲数由软件进行计算控制,所得的转速由串口送出显示。

(4)可编辑 I/O 接口 8255 作打印机和声光报警接口。

2. 设计要求

(1)设计课题硬件要求

本设计课题硬件要增加转速测量电路、转速显示电路、打印机及声光报警电路,工作量较大,要求学生完成系统的部分功能,如仅作转速测量及显示。画出系统部分硬件电路图,并完成硬件增加电路的安装及调试工作。

(2)转速计算及误差分析

根据转速、周期、频率之间的关系可知

$$n = \frac{60}{T} \tag{6-1}$$

$$f = \frac{1}{T} \tag{6-2}$$

$$T = N T_c \tag{6-3}$$

式中,n——转速信号,r/min;

　　T——转速信号周期,s;

　　f——转速信号频率,Hz;

　　T_c——计算计数脉冲的周期,又称时基,$T_c = 4\ \mu s$。

将式(6-3)代入式(6-1),可得

$$n = \frac{60}{N T_c} = 1.5 \times \frac{10^7}{N} \tag{6-4}$$

用十六进制数表示,为

$$n = \frac{(E4E1C0)_H}{(N)_H}$$

式中,N 已存入 75H、74H、73H 单元。利用除法子程序,即可求出转速。

以下来计算系统的相对误差。

分别对式(6-1)和式(6-3)求微分:

$$\Delta n = \frac{60 \Delta T}{T^2} = n f \Delta T \tag{6-5}$$

$$\Delta T = \Delta N T_c \tag{6-6}$$

将式(6-6)代入式(6-5),可得

$$\frac{\Delta n}{n} = f \Delta N T_c \tag{6-7}$$

式中,ΔN——量化误差,$\Delta N = \pm 1$ 个计数脉冲。

又已知时基 $T_c = 4\ \mu s$,故

$$\frac{\Delta n}{n}=\pm f\times 4\ \mu s \tag{6-8}$$

由式(6-8)可知,相对误差与频率成正比,即相对误差随转速的升高而升高。因此,为了提高测量精度,高转速时需要连续测量数个周期。

本系统中为 4 个周期,即测得的 N 为 4 个周期内的总和,所以

$$T=\frac{NT_c}{4} \tag{6-9}$$

$$n=\frac{60}{T}=60\times\frac{10^6}{N} \tag{6-10}$$

用十六进制数表示,为 $n=\dfrac{(3938700)_H}{(N)_H}$

对式(6-9)进行微分得 $\Delta T=\dfrac{\Delta NT_c}{4}$

因此,可求出高速测量时的相对误差为

$$\frac{\Delta n}{n}=f\Delta T=f\frac{\Delta NT_c}{4}$$

同样,代入 $T_c=4\ \mu s$,$\Delta N=\pm 1$ 个计数脉冲,则

$$\frac{\Delta n}{n}=f\frac{\Delta N}{4}\times 4\ \mu s=\pm f\times 1\ \mu s \tag{6-11}$$

将式(6-11)与式(6-8)比较可知,采用多周期测量相对精度大大提高。

例如,当 $n=3000 r/min$ 时,由式(6-8)可求出,其相对误差为

$$\frac{\Delta n}{n}=\pm 50\times 4\times 10^6=\pm 0.02\%$$

当 $n=6000 r/min$ 时,由式(6-10)可求出,其相对误差为

$$\frac{\Delta n}{n}=\pm 100\times 10^6=\pm 0.01\%$$

若设置系统的临界转速为 $3662 r/min$,其对应的每周期计数脉冲个数为 $(4096)_D=(1000)_H$。开机时,首先按低转速测量,然后判断转速 n 是高于还是低于 $3662 r/min$。若低于此临界值,则仍按低转速测量;若高于它,便主动转入高转速测量,即连续测量 4 个周期。这样,就可以实现量程自动切换。

(3)转速测量

由式(6-4)和式(6-10)可知,只要能够求出脉冲个数 N,即可求出转速。为了得到计数脉冲,可以采用门控方式的硬件计数方法,也可以采用中断方式的软件计数方法。

① 门控方式计数

由 8031 定时器/计数器 T_0 工作原理可知,当其工作在计数方式时,只要 T_0($P_{3.4}$)引脚上有负跳变,计数器就加 1。CPU 在每个机器周期的 S_5P_2 状态时,采样 T_0,所以需要 2 个机器周期才能识别一个 T_0 的负跳变,即 T_0 的周期至少应等于 2 倍机器周期。若晶振频率为

6MHz,6 分频后得到 ALE 信号,故 ALE 周期为 1 μs,机器周期为 2 μs。由此可知,最低计数脉冲周期 T_c 为 4 μs,可由 ALE 信号经 74LS74 中的两个 D 触发器 4 分频后取得。

为了保证精度,要求 8031 内部计数器 0 与 $\overline{\text{INT}_0}$ 的上跳沿同步,此时开始计数,在 $\overline{\text{INT}_0}$ 的下跳沿停止计数。门控脉冲与计数脉冲关系如图 6-3 所示。

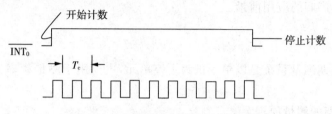

图 6-3　门控脉冲与计数脉冲关系图

为了实现此功能,可以利用 51 单片机特有的定时器门控工作方式,通过指令"MOV TMOD,♯1DH"来设置定时器/计数器的工作方式。这里使定时器/计数器 T_0 工作于 16 位计数方式,并由 $\overline{\text{INT}_0}$ 门脉冲进行控制。只有当 $\overline{\text{INT}_0}$ 为高电平时,且运行控制位 $TR_0=1$ 时,计数器 T_0 才开始工作。一旦 $\overline{\text{INT}_0}$ 转为低电平,计数器 T_0 即刻停止计数。

② 中断方式计数

高转速时,为了连续测量 4 个输入脉冲周期,可以采用中断方式计数。在初始化或前一次测量结束时,单片机禁止外部中断 0 和定时器 T_0 溢出中断。设置外部中断 0 为负跳沿触发方式,设定计数器 0 为非门控计数方式,然后等待中断。外部中断负脉冲一到,立即启动计数器 0 工作,对 T_0 的 4 μs 计数脉冲进行计数。计到 4 个测量周期时,停止计数器 0 工作,禁止外中断,恢复测量周期常数 3,并将计得的脉冲数存入相应的单元。

门控方式和中断方式计数,有效地解决了精度测量输入脉冲周期和高低量程自动切换问题,测得计数脉冲个数后,即可转入计算转速 n 的子程序,计算结果的 BCD 码存入相应的 4 个存储单元,以备显示。

③ 串行显示接口

51 单片机的 I/O 串行口为全双工接口,串口工作在方式为 0 时,外接移位寄存器,可将串口转换成 8 位并口。其显示的速率为 $\frac{f_{osc}}{12}$,即 $\frac{6\text{MHz}}{12}=0.5\text{MHz}$,可以满足显示器稳定显示。串行数据的接收/发送均通过 RxD,而由 TxD 输出移位脉冲。在串口上外接 4 片移位寄存器 74LS164 作为 8 位显示器的静态显示口。变串行输入为并行输出,经缓冲器接至数码管。

转速表系统有关功能键、打印机及声控报警电路可作为附加要求,由学生自行分析、设计。这部分工作也可以作为毕业设计的课题选材。

(4)设计、编写系统软件程序包括转速测量模块,误差分析模块,计算转速 n 模块,串转并及显示模块并调试通过,画出各程序模块的流程图。

该课题设计内容较多,可以考虑由几个同学组成课题组完成。

选题 8　智能频率、周期测量仪

电子技术中,周期性信号是普遍存在的,测量这些周期性信号基本参数的仪器是电子测量仪器中的重要分支。

正弦型周期性信号是模拟电子技术中最常见的,频率或周期是正弦信号的基本参数之一。以单片机为核心制作测量正弦信号的频率或周期的智能仪器,可充分发挥单片机内部定时器/计数器的作用,并利用单片机的运算和控制功能,具有价格低、功能强、量程宽、精度适中的特点,有着广阔的应用前景。

1. 课题概况

智能频率、周期测量系统是以单片机为主控单元,主要用于测量频率、周期等信号的智能仪器。

(1)频率、周期的测量原理

① 频率测量原理(频率测量法)

在以单片机为核心的智能测量仪器中,频率测量和周期测量是可以互通的,频率与周期互为倒数,而倒数计算对单片机而言是轻而易举的事。频率测量的基本原理如图 6-4 所示。

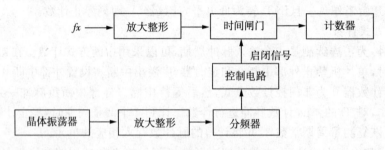

图 6-4   频率测量法基本原理图

按定义可知,频率是单位时间内周期信号的发生次数。图 6-4 中参考晶体振荡器提供了时间基准。晶振的输出经放大整形和分频后,通过控制电路去开启或关闭时间闸门。闸门开启时间内,被测信号经放大整形后通过闸门进入计数器进行计数;闸门关闭时,计数器停止计数。闸门开放时间 $t_G = M \times T_R = \dfrac{M}{f_R}$,其中,$M$ 为分频器的分频系数,T_R、f_R 为参考晶体振荡器的振荡周期和频率。若计数器的计数值为 N,则被测频率 f 为:

$$f = N\frac{f_R}{M} = \frac{N}{t_G} \tag{6-12}$$

式中,$\dfrac{f_R}{M}$ 或 t_G 为时间闸门开放时间,是一个常数,故计数器的计数值 N 与被测频率成正比。

这种频率测量原理,对于被测信号频率较低时,存在着测量实时性与测量精度之间的严重矛盾。由式(6-12)可知,分频系数 M 是没有误差的(只要电路正常工作),频率测量误差将由计数误差和参考晶振误差两个因素造成。事实上,从式(6-12)可得:

$$\frac{\Delta f}{f} = \frac{\Delta N}{N} + \frac{\Delta f_R}{f_R} = \frac{\Delta N}{M}\frac{f}{f_R} + \frac{\Delta f_R}{f_R} \tag{6-13}$$

为了减少第二项误差,应采用高精度的参考晶体振荡器。对于第一项误差,ΔN 是计数绝对误差,其最大值可达±1,为了减少 $\dfrac{\Delta N}{N}$,必须增大 N。N 的大小取决于两个因素:闸门的开放时间和被测频率的高低。闸门开放时间愈长(在 f_R 不变的条件下,要求分频系数愈大)和被测频率愈高,则计数值 N 愈大。若被测频率很低,为了达到一定的测量精度,就要求闸门开放时间很大,也就是测量的过程时间很长,这往往超过用户所能容忍的程度。

例如,设被测频率为 10 Hz 时,频率测量的精度要求为 $\pm 0.01\%$,求最短的闸门开放时间。

解:由式(6-13),略去 $\dfrac{\Delta f_R}{f_R}$ 项,得

$$N = \Delta N \times \frac{f}{\Delta f} = 0.0001 = 10000$$

由式(6-12),得闸门的开放时间为

$$t_G = \frac{N}{f} = 1000 \text{s}$$

这样长的测量时间是根本不能接收的。说明频率测量法不适用于低频测量。

现将上例中的被测频率改为 10 MHz,为了保证同样的精度,求得闸门的开放时间仅为 1 ms,显然,频率测量法适用于高频测量。

② 周期测量原理(周期测量法)

周期测量的基本原理如图 6-5 所示。

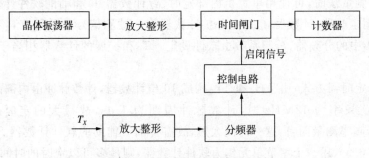

图 6-5　周期测量法基本原理图

对照图 6-4 可以发现,频率测量与周期测量的电路基本结构是相同的,只是把晶体振荡器产生的基准信号与被测信号的位置互换了一下。我们得到被测周期 T 与计数器计数值 N 之间的关系式:

$$T = \frac{N}{M} \times f_R = N \times \frac{T_R}{M} \tag{6-14}$$

式中,T_R 为晶体振荡器的振荡周期。M 和 f_R(或 T_R)为常数,故计数器的计数值 N 与被测信号的周期成正比,N 反映了 M 个信号周期的平均值。

利用周期测量法,在一定信号频率范围内,通过调节分频系数 M,可以较好地解决测量精度与实时性的矛盾。

由式(6-14)可得误差公式:

$$\frac{\Delta T}{T}=\frac{\Delta N}{N}+\frac{\Delta T_R}{T_R}=\frac{\Delta N}{T}\times M\times f_R+\frac{\Delta T_R}{T_R} \tag{6-15}$$

式中,第二项误差取决于晶体振荡器的稳定度,第一项为计数器的量化误差,$\Delta N=\pm 1$,故该项取决于 N 的大小。在平均周期测量法中,N 的值大小与测量时间长短成正比,而期望的 N 值大小可根据测量精度要求而定。假定分配给 $\frac{\Delta N}{N}$ 项的允许误差为 $\pm 0.001\%$,则 N 为 100000。在 T_R 选定的情况下,测量时间为 $100000T_R$,若 T_R 为 2 μs,则测量时间为 0.2s。对于不同范围的被测周期信号,可以通过调节分频系数 M 的大小,达到相接近的测量精度,也就有相接近的测量时间,而不像频率测量那样,在低频信号范围内,为了达到足够的精度,其测量时间将漫长得不可容忍。

当然,对于频率很高测量信号,利用周期测量法,就需要采用很大的分频系数,将大大地增加了硬件的复杂度。因此,对于高频信号宜采用频率测量法。

以上只是在理想状态下比较两种测量方法的利弊。从实际的角度,还要考虑其他的因素。比较图 6-4 和图 6-5 可知,频率测量法中,时间闸门由内部参考晶体振荡器控制,只要晶体振荡器稳定度高,其他一些干扰因素就容易得到控制,时间基准就可以定得很准。周期测量法中,时间闸门由外部被测信号控制,被测信号的直流电平、波形的陡峭程度和噪音的叠加情况难以预测,而这些因素都会影响开放和闭合闸门的时间,造成误差。

(2)利用单片机内部计数器测量信号

① 测量频率

采用频率测量法时,可使用单片机内部定时器/计数器 T_2 和辅助软件计数器产生时间基准信号,而用定时器/计数器 T_0 加上外扩计数器作为被测信号计数器。T_2 和软件计数器相当于图 6-4 中的分频器,分频系数由软件设定。T_0 和扩展的计数器相当于图 6-4 中的计数器。

T_2 工作于定时器方式,由 TH_2 和 TL_2 构成 16 位计数器,计数脉冲由内部晶体振荡器产生,当晶体振荡频率为 12MHz 时,计数脉冲周期为 1 μs,故最大的定时时间为 2^{16} = 65536 μs,对于频率测量而言,这一时间太短,故需要加一辅助的软件计数器。若定时器 T_2 的定时时间为 0.5s,用一个字节单元作为软件计数器,则最多可以定时的时间为 $0.5s\times 255$ = 12.75s。

8032 的 T_2 还具有 16 位捕获和自动重装载的能力,利用它的重装载能力可以提高定时精度。

由于 T_0 或 T_1 都是 16 位的,直接用它们作为被测信号计数器,其精度不可能高于 $\frac{1}{2^{16}}$ = 0.0015%,对于频率测量而言,这样的精度仍嫌不够,而且,直接用 T_0 或 T_1 计数,则信号频率不能高于 500kHz,这是由 8032 的内部结构决定的。因此,在 T_0 或 T_1 的基础上须外扩 8 位计数器,与单片机内部 16 位计数器串联工作,这样被测频率可高达 100MHz 以上。可选用 2 片可预置的 4 位二进制计数器 74S197 作为扩展计数器,它的上限计数频率为 100MHz。设置定时器/计数器 T_0 或 T_1 工作在方式 1,即计数器方式。如果利用 T_0 和 T_1 两个通道,可同时测量 2 个信号频率,并计算出 2 个信号的频率比。

频率测量的过程如下:

第一步,设置 T_2、T_0 或 T_1 和扩展计数器的初始状态,清除所有计数器;

第二步,启动 T_2、T_0 或 T_1 和扩展计数器,T_2 开始计时,T_0 或 T_1 和扩展计数器开始计数;

第三步,T_2 定时时间到,申请中断,立即关闭 T_0 或 T_1 和扩展计数器,停止计数,单片机读计数值;

第四步,根据 T_2 的定时时间(相当于图 6-4 中时间闸门开放时间)以及 T_0 或 T_1 和扩展计数器的计数值,计算出被测信号频率值。若进行 T_0 或 T_1 两个通道的信号频率测量,则计算出频率比。

② 测量周期

周期测量中,利用 T_0 或 T_1 来测定信号周期数,它们相当于图 6-5 中的分频器,分频系数由软件设定;用 T_2 作为参考晶体振荡器的计数器,T_2 相当于图 6-5 中的计数器,计数器的启停受被测信号控制。

T_0 或 T_1 仍工作于方式 1,为 16 位计数器方式,分频系数的调节范围是 $1\sim65535$,因此可适应于很宽的测量范围。

T_2 工作于定时器方式,由于 T_2 是 16 位的,将限制周期的测量精度。为此可以考虑增加 1 个扩展的软件计数器(计数范围为 $0\sim255$)。

图 6-6 是周期测量的逻辑电路图。被测信号经放大整形后变成边沿很陡的方波脉冲。在软件的控制下,同时启动 T_0(或 T_1)和 T_2,信号脉冲进入 T_0 或 T_1,开始计数。在信号的下降沿,使 T_0 或 T_1 计数器翻转,还通过定时器/计数器 T_2 的控制端 T_2EX,使 T_2 产生捕获操作,读得 T_2 的初值。T_0 或 T_1 溢出中断后,再靠软件读取 T_2 和扩展软件计数器的终值。

系统还可以同时测量两个信号的周期,一个信号接到 T_0 的输入端,另一个信号接到 T_1 的输入端,T_2 的作用不变。双通道周期测量的逻辑电路这里不再分析,留给学生思考。

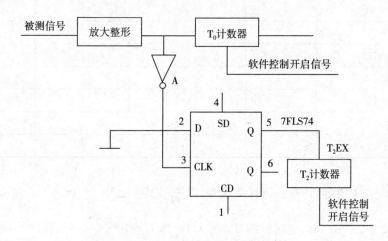

图 6-6　周期测量逻辑电路图

(3)频率和周期测量中的量程自动变换

测量系统中频率和周期的测量是可以互相转换的,测出其中一个参数就可以通过高精度算法计算出另一个参数。因此,在测量频率和周期中,实际上是采用频率测量法还是采用周期测量法,并不取决于最后要求显示(或输出)的是频率参数,还是周期参数,而是取决于哪一种测量方法精度更高些。因此,对于系统功能选择开关扫描电路中的功能键所指定的是用户要求显示(或输出)的参数名,而不是指定内部的测量法。例如,按下功能键 f_A,只是要求显示测量通道 A 的信号频率,并不要求系统一定要用频率测量法去求得 f_A。实际上,系统将根据信号频率范围,来自动选取测量方法。信号频率较高时,采用频率测量法,直接测得 f_A。信号频率较低时,采用周期测量法,先求得信号周期,然后采用高精度的算法算出 f_A。在频率测量法中,根据不同的信号频率范围,将改变计数闸门开放时间(定时时间),使得测量结果的精度尽可能的高,又不致使计数器溢出。在周期测量法中,也将根据信号频率范围,自动改变周期扩展倍数,以满足精度要求。

如果设定系统计数部分允许原理误差为 10^{-5} 的数量级,根据这一要求,可以确定不同信号频率范围应采用的测量方法以及定时时间或周期扩大倍数,如表 6-6 所示。信号频率的上限受器件速度制约,100MHz 是 74 系列计数器所能达到的最高计数频率。信号频率的下限从原理上不受限制,但受用户所能容忍的测量时间的制约。若设最低信号频率为 0.1Hz,则测量一个周期(周期扩展倍数为 1,因系统硬件没有考虑倍频电路)需要 10s,已经是相当长的时间了。

表 6-6　测量方法与信号频率关系表

信号频率范围（Hz）	频率测量法		周期测量法				
	定时时间（s）		周期扩展倍数				
	0.1	1	10^4	10^3	10^2	10^1	1
$10^8 \sim 10^7$	—						
$10^7 \sim 10^6$		—					
$10^6 \sim 10^5$		—					
$10^5 \sim 10^4$			—				
$10^4 \sim 10^3$				—			
$10^3 \sim 10^2$					—		
$10^2 \sim 10^1$						—	
$10^1 \sim 1$							—
$1 \sim 0.1$							—

根据表 6-6 中内容,计算一下计数误差,即 $\dfrac{\Delta N}{N}$,其中 $\Delta N = \pm 1$。

①信号频率 $f = 10^7$ Hz,定时时间 $T_M = 0.1$s,则 $N = 10^6$,$\dfrac{\Delta N}{N} = \pm 10^{-6}$。

②$f = 10^5$ Hz,$T_M = 1$s,则 $N = 10^5$,$\dfrac{\Delta N}{N} = \pm 10^{-5}$。

③$f = 10^5$ Hz,周期扩展倍数 $M = 10^4$,参考晶振频率 $f_R = 1$MHz,

则 $N = M \times \dfrac{f_R}{f} = 10^4 \times \dfrac{10^6}{10^5} = 10^5$,$\dfrac{\Delta N}{N} = \pm 10^{-5}$。

④$f = 0.1$Hz,$M = 1$,$f_R = 1$MHz,则 $N = 10^7$,$\dfrac{\Delta N}{N} = \pm 10^{-7}$。

由此可见,按表 6-6 的设置,都能满足规定的计数精度要求。

测量方法的选择,定时时间或周期扩展倍数的选择都是单片机根据粗测的结果自动实现的,这相当于一般数字电压表中的自动量程变换。每当用户选择频率或周期功能时,先设置定时时间为 1s,用频率法对信号频率进行粗测,确定信号频率的范围,随后根据表 6-6 选择测量方法,确定定时时间或周期扩展的倍数。

(4)智能频率、周期测量系统的构成

系统以单片机为主控单元,加上频率、周期测量电路、静态 LED 显示电路和功能选择开关扫描电路构成。

① 单片机主控单元

由单片机、数据锁存器 74LS373 和程序存储器 2732 组成一个单片机最小系统,主要用于存放系统监控程序及应用程序。

② 6 位静态 LED 显示电路

单片机的串行口加上 6 片 74LS164 移位寄存器、6 个 7 段 LED 显示器(显示被测频率/周期的数值)和 4 个发光二极管(指示被测频率/周期的单位)构成串转并显示电路。

电路采用静态显示方式,显示不会闪烁,软件设计简单,要求的段驱动器驱动能力低。6 个带小数点的 7 段 LED 显示器只用于显示被测量的数值。频率/周期的单位靠另外 4 个发光二极管指示,它们分别表示 kHz、ms、$\times 10^{3}$ 和 $\times 10^{-3}$。因此,除了 6 位数值的小数点可变之外,显示单位还可以有不同的组合:$\times 10^{3}$ kHz、kHz、$\times 10^{-3}$ kHz 和 $\times 10^{3}$ ms、ms、$\times 10^{-3}$ ms,以满足较大测量范围的需要。4 个发光二极管由单片机经锁存器 74LS374 提供信号。

③ 测量电路

由单片机内部定时器/计数器构成基本测量电路,为了扩大信号频率的测量范围,提高测量精度,在定时器/计数器 T_0 或 T_1 的输入端扩展 2 片 4 位二进制计数器 74S197,2 片 74S197 串接后再与 T_0 或 T_1 串接,构成 24 位二进制计数器。74S197 的最高计数频率为 100MHz,这是信号频率的上限,若信号频率为 100MHz,则经 8 位二进制计数器后,在 T_0 或 T_1 的输入端,信号频率已降为 100MHz/256＝0.391MHz,在允许的范围之内。扩展二进制计数器 74S197 只在频率测量时使用,频率测量时,要清除扩展计数器,但不必对它预置数据,因此不用预置电路。8032 通过总线缓冲器 74LS244 读取扩展计数器的计数值。

74S197 只用于对高频信号进行测量。周期信号测量时,将信号直接接到 T_0 或 T_1 的输入端。在周期信号测量中,信号的边沿跳变应引发定时器/计数器 T_2 的捕获功能,当输入端信号跳变时,捕获 T_2 的计数值。

④ 功能选择开关扫描电路

系统可以根据具体实际情况配置功能选择开关,CPU 采用扫描方式读取开关值,将 $P_{1.6}$ 和 $P_{1.7}$ 设置为扫描线,开关值经 74LS244 由总线(P_0 口)读入。

系统设置的功能开关有:

启动开关;

T_A、T_B——A 通道和 B 通道周期测量开关;

f_A、f_B——A 通道和 B 通道频率测量开关;

$\dfrac{T_A}{T_B}$——A 通道和 B 通道周期比开关;

$\dfrac{f_A}{f_B}$——A 通道和 B 通道频率比开关。

2. 设计要求

(1)本设计课题硬件要增加频率、周期测量电路,静态显示电路,功能选择开关的扫描电路等。工作量较大,要求学生完成系统的部分功能,如仅作频率、周期测量,误差分析,显示等。画出系统部分硬件电路图,并完成硬件增加电路的安装及调试工作。

(2)系统软件应包括初始化模块,功能选择开关处理模块,频率、周期测量模块,显示模块 4 大部分,基本程序流程如图 6-7 所示。

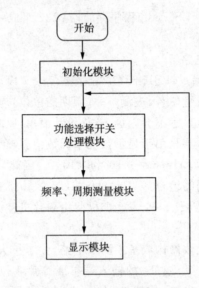

图 6-7 系统程序流程图

各模块功能描述如下:

① 初始化模块。主要完成设置堆栈指针以及系统的初始化工作。

② 功能选择开关处理模块。系统设置了若干个功能选择开关,主要完成系统功能的选择。最基本的系统选择功能应包含:系统的启动、停止功能;频率、周期的测量功能;如果要进行双通道测量,还要增加功能选择开关。

③ 频率、周期测量模块。单通道(通道 A)频率测量流程如下。

步骤 1:初始化操作。由 CPU 向 74LS374 写命令,使 $\dfrac{T_A}{f_A}=0$,同时令 $P_{1.0}=0$,使通道 A 按频率测量进行配置;允许 T_2 溢出中断。

步骤 2:定时器 T_2 和扩展软件定时器开始定时。

步骤 3:清除外部扩展计数器 74S197 和 T_0(先清除 74S197,以减少测量误差),随之开始计数。

步骤 4:T_2 溢出中断,判定是否定时时间到,若是,令 $P_{1.0}=1$,切断测量通道,否则继续测量。

步骤 5:定时到,读取扩展计数器和 T_0 的计数值,算出被测频率和周期。

注意:步骤 2 和步骤 3 应是紧接的,由软件造成的滞后会引起计数误差;定时时间到切断测量通道,也有时间滞后,也会引起计数误差,但两个滞后量互有补偿作用。编码确定后,时间滞后量是可以算出来的,因此可在软件中设法补偿。

单通道(通道 A)周期测量流程如下。

步骤 1:初始化操作。由 CPU 向 74LS374 写命令,使 $\frac{T_A}{f_A}=1$,同时令 $P_{1.0}=0$,使通道 A 按周期测量进行配置;允许 T_0 和 T_2 溢出中断;禁止 T_1 中断。向 T_0 装入预置值(由周期扩展倍数确定),清除 T_2 和扩展软件计数器。

步骤 2:启动 T_0。在测量信号的第一个有效边沿处,T_2EX 端出现跳变,造成 T_2 捕获操作和中断,得到 T_2 和扩展软件计数器的起始值。

步骤 3:T_0 溢出中断,由软件读取 T_2 和扩展软件计数器的终止值。求得信号周期值;若要显示频率值,则计算频率值。

步骤 4:显示模块。显示模块的难点是在很宽的测量范围内保证必要的显示精度。因此,要根据信号频率、周期值选择合理的显示单位和小数点位置。表 6-7 列出了它们与信号频率范围的关系。

表 6-7 信号频率范围与显示单位和小数点位数的关系

信号频率范围	周期显示			频率显示		
(Hz)	10^3 ms	ms	10^{-3} ms	10^3 kHz	kHz	10^{-3} kHz
$10^8 \sim 10^7$	—		5	3	0	—
$10^7 \sim 10^6$	—		5	4	1	—
$10^6 \sim 10^5$	—		4	5	2	—
$10^5 \sim 10^4$	—		3	—	3	0
$10^4 \sim 10^3$	—	5	2	—	4	1
$10^3 \sim 10^2$	—	4	1	—	5	2
$10^2 \sim 10^1$	—	3	0	—	—	3
$10^1 \sim 1$	5	2	—	—	—	4
$1 \sim 0.1$	4	1	—	—	—	5

表 6-7 中各方格中的数字为小数点后的位数;"—"表示无这种选择。部分频率范围内,可以有两种不同的显示格式,在编制程序时可任选一种。例如,信号频率在 $10^4 \sim 10^3$ Hz 范围内,显示单位为 ms 并取小数点 5 位,或显示单位为 10^{-3} ms 并取小数点 2 位,实际上是一样的,它们能保证同样的有效显示位数。表中所列的显示格式,在信号频率为 $0.1 \sim 10^7$ Hz 范围内,都可以保证 5 位有效显示。在 $10^8 \sim 10^7$ Hz 这一挡,可以保证 4 位有效显示。

(3)设计、编写系统软件程序。由于系统软件设计的工作量大,可以考虑由几个同学组成课题组完成,或者仅完成一个模块的设计和调试工作。另外该课题设计内容也可以作为毕业设计的课题选材。

选题9 收银机

收银机目前在超市、菜场、各种商店用得非常广泛,如果省略打印微型账单的功能,则与学生日常手中所持的计算器也非常相似。这样一个易遇多见、实用性又很强的设计内容,对于不同的学校与专业都很相宜;而做设计的学生也兴趣浓厚,积极性高,常常主动对照计算器,延伸课题要求,反复钻研,热烈讨论,具有很好的效果。

1. 课题概况

(1)参照计算器,可得出收银机的工作过程如下。

① 通电后收银机数码管的初始显示状态为:最右边的数码管显示"0",其他数码管不亮。

② 按数字键键入商品单价和数量。键入数字时先高位后低位,单价按元的十位、个位、$\frac{1}{10}$位、$\frac{1}{100}$位依次键入,数量按件的十位、个位依次键入。计算商品的金额时,先键入商品的单价,再键入商品的数量。键入单价第一个数字时,最右边的数码管的显示由原来的"0"变为这个数字,再键入新的数字时,老的数字依次逐位左移,最后一位是新键入的数字。

③ 按"×"键后再键入商品的数量,此时,原商品的单价显示不变,等待商品数量键入。当键入商品的数量时,数码管单价显示立即熄灭,转为逐位显示商品的数量。

④ 按"+"键后将计算出最近一笔商品的金额。如有"乘数量"标志,便进行这笔商品单价乘以数量的运算,运算的乘积金额累加到此前各笔商品累计的总金额中,数码管显示最新累计的总金额。如无"乘数量"标志,就直接把这笔商品的单价累加到此前的总金额中,得出最新累计的总金额。

⑤ 按过"+"键后,再键入下一笔商品的单价时,刚才数码管显示的总金额消失,转为逐位显示键入商品的单价。

⑥ 最后的操作是按"="键。"="键与"+"键的作用相似,差别在于当前"最新累计的总金额"已是"最终累计的总金额"了,至此,一位顾客的累计结束,不再等待下一笔商品单价的键入。

⑦ 一位顾客所购的商品累计结束,可按收银机复位键回到初始显示状态,准备接待下一位顾客。

(2)根据收银机的工作流程要求,课题的硬件部分比较简单,除了实验装置外,可以不再增添其他器件。但要对现有的实验装置进行以下改造。

① 因收银机除了要用到乘法,将所购某种商品的单价与数量相乘得出该笔金额外,还要用到加法,将这笔金额累计到总额中去,并要有相应的显示。所以,要对现有的硬件资源键盘进行重新设置,如增设 10 个数字键"0"~"9";增添一些功能键,如乘法键"×"、加法键"+"、金额键"="、复位键(可以在现有键盘上指定)等。

② 收银机的显示器上要显示单价、数量、金额等数字,实验装置 LED 显示器有 6 个数码管,如将最右边的两位分别认作角、分,则 6 位可以表示的总金额数字不大于 9999.99 元,与此相应,每种商品的单价和数量也要有一定的限制。可以规定单价只可是 0.01~99.99

元,数量只可是 1~99 件。

小数点是定点(不像计算器那样可以向前进位)的,而且可以显示,也可以不显示。如不显示,是认定它隐含于右起第二位之左、第三位之右。如显示,则又可分为占用数码管和不占用数码管两种方案。如占用数码管,收银机可用于显示的位数将更少,显示的总金额不能超过 999.99 元;如不占用数码管,是使显示金额个位的数码管右下角的小数点同时点亮。有了小数点,读数比较清楚,不易弄错,但为了键入小数点,还需要增添一个"."键。小数点显示不同方案其相应的软件程序设计也不同,编程时应仔细辨别和推敲。

③ 单片机片内 RAM 要分配 6 个单元用作显示缓冲区(假定为 20H~25H),数码管自左到右分别显示 20H~25H 单元的内容;另外,还要分配 3 个单元作为输入缓冲区(假定为 33H~35H),商品单价输入后自高到低存放在 33H 和 34H 单元中,商品数量输入后存放在 35H 单元中;最后,还要为总金额存放分配 3 个缓冲区,称为和缓冲区(假定为 30H~32H)。在 30H~35H 缓冲区中存放的应为 BCD 码。

④ 在单片机片内 RAM 的位单元中至少要分配 3 个可测位。"乘数量"标志位:在按"×"键后建起(设定按"×"键后该标志位为"1"),为商品单价乘数量运算做好准备;"累加"标志位:在按"+"键后建起(设定按"+"键后该标志位为"1"),为下一笔商品的单价键入作准备;"按过数字键"标志位:在按任意数字键后建起。还可以添加一个"溢出"标志位:当检测到总金额超过 9999.99 元时建起,这时,令左边 5 个数码管熄灭,最右管显示"E"。

2. 设计要求

要求学生根据实验装置的硬件资源,设计尽可能完善(但不含打印功能)的收银机。

在课题硬件设计中,让学生通过设计学会系统地考虑和选用各项硬件资源,连接、组成系统以及画出系统连接图。在软件设计方面,要求学生认真剖析收银机的操作过程与相应显示,推敲必须有哪些程序段和子程序段,画出这些程序的流程图,从而设计出合理、适用的程序。

本课题范围不大,但有"小而全"的特点,编程的内容也相当全面。要求学生能设计出使实验装置具备收银机基本功能的全部程序,即系统初始化及初始化状态显示、数码管显示、标志位、键盘扫描识别、键处理等程序段,还要有键入数字左移、延时、乘法运算、加法累计运算、数制转换、关显示器等子程序段。

本课题可延伸思考的问题尤其丰富,教师应视学生的具体情况,灵活、恰当地规定设计任务。除了基本要求外,可做种种添加。例如,添加检测总金额是否溢出功能;添加对键入商品单价或数量误操作后的处理功能;添加小数点显示功能;添加打印微行账单功能;等等。

选题 10 锅炉水位控制器

为了确保锅炉的安全运行,防止发生满水、缺水事故,提高自动化程度和减轻工人的劳动强度,基于 MCU 的锅炉水位自动控制器系统便应运而生。

系统水位检测、控制的工作原理如图 6-8 所示。在锅炉内部不同高度安装 5 个金属电极 A、B、C、D、E,电极 A 与电源低电平相连,B、C、D、E 各串接电阻后与高电平相连。

在正常情况下,锅炉的水位应保持在正常水位上限 L_1 和正常水位下限 L_2 之间,当水位超出这个范围,控制器应能自动声光报警。

　　L_{11} 和 L_{22} 分别是水位的上、下极限,当水位超出了上、下极限时,不但需要声光报警,还应紧急自动停止电机工作,以保证绝对安全。

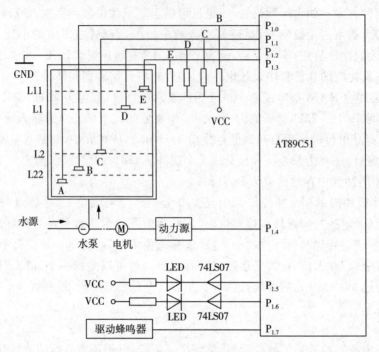

图 6-8　锅炉水位控制器工作原理图

　　电机带动水泵向锅炉供水,电机和水泵运行、发光 LED 和音响报警等操作,都是 MCU 通过采集水位状态后进行控制处理的。水泵供水时(电机启动运行),水位上升。当水位上升到上限 L_1 位置时,由于水的导电作用,电极 B、C、D 均与 A 接通,都为低电平,此时,开始上限声光报警;若水位继续上升到上限极限 L_{11} 位置时,电极 E 也与 A 接通,为低电平,此时,MCU 除了控制声光报警外,水泵停止工作不再供水(电机紧急停止);水泵停止供水后,水位开始下降,当水位下降到下限 L_2 位置时,电极 C、D、E 均与 A 不通,都为高电平,只有电极 B 与 A 接通为低电平,此时,开始下限声光报警;若水位继续下降到下限极限 L_{22} 位置时,电极 B 也与 A 不通,此时,MCU 除了控制声光报警外,电机启动运行,恢复水泵供水。

1. 课题概况

　　在实验室里,当然没有真正的锅炉,有条件的可以通过改造一个容器来代替。若进一步简化,不用容器,也不用电极,而是采用实验箱上的拨位开关的通断动作模拟水位传感器 A、B、C、D、E 表示的水位状态。具体安排如下:

　　(1)使用实验箱上的拨位开关与发光二极管实验模块(参照"图 4-4　开关与指示灯实验电路示意图")中的 4 个拨位开关($K_0 \sim K_3$),分别模拟 AB、AC、AD、AE 电极间的通、断状态;

　　(2)用实验箱控制模块 AT89C51 的 P_1 口分别做水位检测和控制端口,$P_{1.0}$、$P_{1.1}$、$P_{1.2}$、$P_{1.3}$ 做水位检测端口,分别接 B、C、D、E 端,B、C、D、E 端随水位变化时呈现的电平信号和表示的系统操作对应关系如表 6-8 所示。

表 6-8　水位状态与系统操作对应关系表

水位状态	E ($P_{1.3}$)	D ($P_{1.3}$)	C ($P_{1.3}$)	B ($P_{1.3}$)	系统操作
到达 L_{11}	0	0	0	0	水泵停止,上限极限声光报警
L_{11} 与 L_1 间	1	0	0	0	水泵维持原状,上限报警
L_1 与 L_2 间	1	1	0	0	正常区间,水泵维持原状
L_2 与 L_{22} 间	1	1	1	0	水泵维持原状,下限声光报警
L_{22} 以下	1	1	1	1	水泵工作,下限极限声光报警

注意:另一种方案是通过实验箱的电位器输出不同电压值模拟锅炉水位的不同位置,电位器上的电压由 ADC0809 采集并转化为数字信号送 MCU 处理(电位器与 ADC0809 的电路参照"图 4-12　ADC0809 实验电路示意图")。

(3)因实验箱上没有水泵电路,水泵驱动电路可以省略。可用 $P_{1.4}$ 引脚输出控制信号驱动实验箱上直流电机 PM 的启、停,$P_{1.4}$ 输出高电平,经反相器驱动电机 PM 启动;$P_{1.4}$ 输出低电平,电机停止运转。

(4)声光报警电路:由实验箱上的发光 LED 和蜂鸣器产生,$P_{1.5}$ 和 $P_{1.6}$ 分别输出满水(上限极限)和缺水(下限极限)报警信号,$P_{1.7}$ 接蜂鸣器电路参照"图 4-10　响铃实验电路示意图"。

注意:应采用不同颜色的发光二极管分别代表满水和缺水报警,并且报警的音响应不同。

(5)采用实验箱上的 LED 显示器显示水位状态,只需用 1 只数码管,以数字 1、2、3、4、5 指示水位的 5 种状态。

注意:另一种方案是通过实验箱的 5 个发光二极管来指示 5 种水位状态。

2. 设计要求

(1)基本要求

锅炉水位控制器是一种简单的开关控制系统,系统涉及的控制内容具有一定的代表性,类似的抽水、供水设备在日常生活和生产企业中十分多见,有较宽的推广应用面,但作为课程设计,课题的工作量和复杂度稍显单薄。因此,本课题要适当扩展设计任务,充实基本要求,使学生能得到较多锻炼、较大收获。

首先,水位状态的检测、显示等内容按两种方案进行设计,并从技术、经济等角度对方案做出比较。

其次,为了增强声光报警的效果,信号灯采用闪烁发光,频率为 30Hz,占空比为 75%。

要求设计并画出系统硬件连接框图,设计、编写系统各模块的软件程序并调试通过,画出各程序模块的流程图。

(2)附加要求

若采用 ADC0809 采集水位状态信号,钻研如何实现一台检测控制器能监控多台锅炉水位(将涉及巡回检测、系统 I/O 扩展等内容)。

选题 11　电子密码锁

在日常生活和工作中,住宅与部门的安全防范、单位的文件档案、财务报表以及一些个人资料的保存多以加锁的办法来解决。若使用机械式钥匙开锁,人们常需携带多把钥匙,使用极不方便,且钥匙丢失后安全性即大打折扣。为满足人们对锁的使用要求,增加其安全性,用密码代替钥匙的电子密码锁应运而生。电子密码锁运用电子电路控制机械部分,使两者紧密结合,从而避免了因为机械部分被破坏而导致开锁功能失常的问题,而且密码输入错误时还有报警声,这将大大增加密码锁的防盗功能。同时,因为电子密码锁不需要携带钥匙,弥补了钥匙极易丢失和仿造的缺陷,方便了锁具的使用。电子锁由于具有设计、实现简便,制造成本低廉,使用灵活性好、安全系数高等优点,受到了广大用户的青睐。

基于单片机的电子密码锁系统工作原理框图如图 6-9 所示。

用户密码通过键盘输入,密码输入正确后,输出开锁信号控制,开锁电路开锁并发出 2 声短"滴"声提示音,5s 延时后开锁信号与已开锁指示清零。

密码输入错误时,发出一声长"滴"声错误提示音,密码错误指示灯亮,连续 3 次输入密码错误时,发出长鸣声报警,密码错误报警指示灯闪烁,10s 延时后锁定键盘,此后键盘将无法再次输入密码。按复位键清除所有报警和指示。

用户密码存储在 E^2PROM 中,可以通过键盘修改密码。系统的工作状态由显示电路提示。

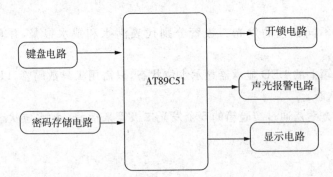

图 6-9　单片机电子密码锁系统原理框图

1. 课题概况

用单片机实验装置模拟电子密码锁系统工作。

本课题的硬件部分可以利用现有的目标板实验装置,实验箱上 2×8 矩阵键盘、LED 显示器、E^2PROM 存储器、$L_0 \sim L_7$ 发光二极管和蜂鸣器电路,开锁的机械部分可用发光二极管模拟。具体安排如下:

(1)用户密码可设置为 6~8 位,存储在 E^2PROM 存储器中,E^2PROM 存储器电路参照"图 4-9　单片机最小系统示意图"。

(2)LED 显示器电路参照"图 4-13　8279、键盘及 LED 显示电路示意图",系统启动后 LED 显示器即显示等待输入密码界面,密码输入完毕后,与 E^2PROM 中原密码进行比较。若密码正确,则有 2 种权限:开锁和修改密码,由功能键选择权限。如没有选择修改密码,系统发出 2 声短"滴"声提示开锁,绿色指示灯亮,5s 延时后开锁信号与开锁指示清零。

(3)键盘电路参照"图 4 - 13 8279、键盘及 LED 显示电路示意图"。在输入密码的过程中,若 2 次按键的间隔超过 3s,系统发超时报警信号,黄色指示灯亮 1.5s,用户必须重新输入密码。

(4)密码输入错误,系统发出一声长"滴"声错误提示音,红色指示灯亮 2.5s。若连续 3 次密码输入错误,则发出长鸣声报警,密码错误报警指示灯闪烁,10s 延时后锁定键盘,此后键盘将无法再次输入密码。此时,等待管理员解锁(设置一个管理员解锁密码)。解锁之后系统回到等待输入密码界面。

(5)修改密码的过程中,如果 2 次输入的密码不相同,LED 提示并返回修改密码界面;反之,新密码写入 E²PROM 中,系统返回启动界面,等待密码的输入。

(6)LED 显示的系统当前操作界面(密码输入、修改密码、开锁、锁键盘等)可以自行设定显示状态。

2. 设计要求

本课题硬件部分要求画出系统硬件电路图,在实验平台上设计组成电子密码锁系统,设计编写键盘控制、LED 显示、声光报警、密码输入和存储子程序供系统主程序调用。在调试程序时,要求整个系统工作正常、显示正确、结果满意,并希望同学能深入思考、精益求精,提出对课题的改进意见。特别是密码存储器和显示部分,密码存储是否考虑采用实验箱的 I²C 存储器 AT24C1024,掌握该芯片的工作原理并完成读、写程序的设计、编写和调试。显示部分采用 LCD 显示器代替数码管 LED,这样使得显示功能大大增强,不仅可以显示数字、字符,还可以显示汉字,使得密码锁系统的操作界面更友好和人性化。掌握实验箱 LCD 显示器 FM12232 的工作原理并完成显示驱动程序的设计、编写和调试。

选题 12 智力竞赛抢答器

随着科学技术的不断发展,促使人们学科学、学技术、学知识的手段多种多样。抢答器作为一种工具,已广泛应用于各种智力和知识竞赛场合。目前大多数抢答器均使用单片机及外围接口实现,基于单片机的智力竞赛抢答器系统框图如图 6 - 10 所示。

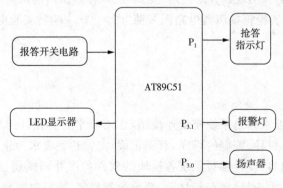

图 6 - 10 单片机的智力竞赛抢答器系统框图

抢答开关电路分别设定选手抢答键若干个、主持人开始抢答键和复位键,每位选手对应一个抢答指示灯。系统工作后,首先由主持人按下开始键,单片机进入 30s 倒计时,选手们开始抢答,如果在 30s 内无人抢答,则自动放弃,进入下一题;若有人抢答,则单片机自动检测最先抢答选手信息并做出处理,封锁输入电路,禁止其他选手抢答,使选手对应的抢答指示灯点亮,LED 显示器上同步显示抢答选手的编号,同时扬声器发声提示,表示抢答成功。此后,单片机进入 90s 回答问题倒计时,若选手在 90s 内回答完问题并回答正确,主持人按加分键,LED 显示器上显示选手的得分;若选手回答完问题超时或回答错误,则主持人按减分键,LED 显示器上显示选手的得分。主持人按下复位键,系统返回到抢答状态,进行下一轮抢答。

　　在主持人按下开始抢答键前,有选手提前按下抢答键时,视为抢答犯规。系统红色报警灯点亮,LED 显示器显示超前抢答报警信息,同时扬声器发声提示抢答犯规。

　　当有几位选手同时按下抢答键时,由于在时间上必定存在先后,系统将自动锁存最先按键的选手信号。

1. 课题概况

　　用单片机实验装置模拟智力竞赛抢答器系统工作。

　　本课题的硬件部分可以利用现有的目标板实验装置,实验箱上 2×8 矩阵键盘、LED 显示器、$K_0 \sim K_7$ 开关电路、$L_0 \sim L_7$ 发光二极管和蜂鸣器电路等。具体安排如下:

　　(1)抢答器可同时供 8 名选手或者 8 个代表队参加比赛。抢答开关电路可以有两种方案。

　　方案 1,采用实验箱 2×8 矩阵键盘电路(参照"图 4-13　8279、键盘及 LED 显示电路示意图"),分别设置 8 个抢答键、主持人开始键和复位键;方案 2,采用实验箱 $K_0 \sim K_7$ 开关电路与单片机 I/O 相连(参照"图 4-4　开关与指示灯实验电路示意图"),单片机 I/O 采集选手抢答信号。

　　(2)8 个选手抢答指示灯由实验箱 $L_0 \sim L_7$ 发光二极管电路构成,单片机 $P_{1.0} \sim P_{1.7}$ 分别接 $L_0 \sim L_7$;实验箱 LED 显示器共有 6 个 LED 管(参照"图 4-13　8279、键盘及 LED 显示电路示意图"),一个显示抢答选手编号,2 个显示倒计时时间,还可以显示开始抢答(显示"S")、抢答犯规(显示"A")等提示信息。

　　(3)单片机定时器 T_0 实现倒计时定时、定时器 T_1 控制扬声器报警。

　　(4)单片机 $P_{3.0}$ 接实验箱扬声器电路图参照"图 4-10　响铃实验电路示意图",$P_{3.1}$ 接实验箱红色发光二极管。

2. 设计要求

　　(1)基本要求

　　本课题硬件部分要求画出系统模块连接图,在实验平台上设计组成智力竞赛抢答器系统,并在其上调试自己设计、编制的程序,直到正确、完善达到要求为止。在软件程序设计方面,要完成以下基本内容:设计编写系统各模块的软件程序并调试通过,画出各程序模块的流程图。实现数据(选手编号)锁存和显示、超前抢答报警、抢答时间和回答问题时间倒计时显示、扬声器发声提示等基本功能。

（2）附加要求

附加要求主要是根据学生学习单片机的掌握、运用情况选作，以给同学们开动脑筋、发挥自己的创造性思维留出空间。系统还可以增加以下功能：

① 主持人可根据题目难易程度设置抢答限时时间、答题限时时间，而不是采用固定的抢答限时时间和答题限时时间。抢答限定时间和回答问题的时间设定在 1～99s，通过键盘输入。

② 抢答限时倒计时和答题限时倒计时在达到最后 5 秒时进行声光报警，提示选手抢答剩余时间和答题剩余时间。扬声器每秒响一次，红色发光二极管闪烁点亮，频率为 2Hz，占空比 50％。

③ 抢答倒计时到达 0 时，报警，并锁定抢答开关禁止选手抢答。

④ 增加计分功能，当答题结束后，根据选手的答题情况给选手进行相应的加减分；查询功能，实现每位选手的分值查询。

选题 13　汽车信号灯控制器

随着我国经济腾飞和汽车产业对外开放程度的不断加强，我国汽车生产和消费水平有了较大幅度的提高，汽车安全成为人们非常关注的话题。而在汽车起步、转弯、变更车道或路边停车时，需要打开信号灯提示汽车正在进行的操作，提醒周围车辆和行人注意。所以，一个智能、可靠、稳定的汽车信号灯控制系统对安全行车非常重要。

汽车信号灯控制系统由核心控制器、开关控制输入模块、信号灯指示模块、故障检测模块组成，系统结构框图如图 6-11 所示。

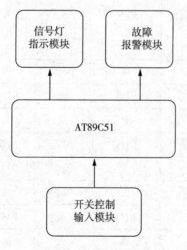

图 6-11　汽车信号灯控制器系统结构框图

其中，开关控制输入模块主要用于模拟汽车的左转弯、右转弯、刹车、闭合紧急开关、停靠等基本操作。信号灯指示模块采用发光二极管分别模拟汽车左、右头信号灯，仪表板左、右转弯灯，左、右尾信号灯和故障报警灯，故障检测模块对信号灯电路实时监控，及时发现故障，并通过报警器发出报警信号，提示驾驶员及时掌握车外的信号灯是否工作正常，从而提高行车安全性。控制器采用 MSC-51 系列单片机 AT89C51，开关状态的采集、信号灯电路驱动以及报警检测和报警器驱动都是由单片机 AT89C51 控制实现。

汽车行驶中进行左转弯或右转弯时,通过转弯操纵杆使左转弯(或右转弯)开关闭合,从而使左头灯、仪表盘左转弯灯和左尾灯(或右头灯、仪表盘右转弯灯和右尾灯)闪烁;紧急开关闭合时,上述 6 个信号灯全部闪烁;汽车刹车时,刹车开关闭合,左、右尾灯点亮;汽车在进行左、右转弯时刹车,则转弯时原闪烁的信号灯继续闪烁,同时左尾灯(或右尾灯)点亮;汽车停靠时,闭合停靠开关,左、右头灯和左、右尾灯闪烁。

1. 课题概况

在实验室里,当然没有真正的汽车行驶操作和汽车信号灯,可以用实验箱的拨位开关通断动作模拟汽车的基本操作。用发光二极管模拟汽车信号灯点亮、熄灭和闪烁状态。具体安排如下:

(1)使用实验箱上的拨位开关 $K_0 \sim K_6$ 分别模拟汽车的左转弯、右转弯、刹车、闭合紧急开关、停靠、左转弯刹车、右转弯刹车等基本操作。控制模块 AT89C51 的 P_2 口做输入端口,采集开关状态,$P_{2.0} \sim P_{2.6}$ 分别连接 $K_0 \sim K_6$。

(2)用实验箱 6 个发光二极管 $L_0 \sim L_5$ 分别模拟汽车左、右头信号灯,仪表盘左、右转弯灯和左、右尾信号灯,控制模块 AT89C51 的 P_1 口作输出口控制二极管点亮或闪烁,$P_{1.0} \sim P_{1.5}$ 分别连接 $L_0 \sim L_5$(参照"图 4-4 开关与指示灯实验电路示意图")。

汽车各种基本操作与各信号灯状态的对应关系如表 6-9 所示。

表 6-9 汽车操作与信号灯状态对应关系表

汽车操作	信号灯状态					
	左转弯灯 L_0	右转弯灯 L_1	左头灯 L_2	右头灯 L_3	左尾灯 L_4	右尾灯 L_5
左转弯	闪烁	灭	闪烁	灭	闪烁	灭
右转弯	灭	闪烁	灭	闪烁	灭	闪烁
刹车	灭	灭	灭	灭	点亮	点亮
闭合紧急开关	闪烁	闪烁	闪烁	闪烁	闪烁	闪烁
停靠	灭	灭	闪烁	闪烁	闪烁	闪烁
左转弯刹车	闪烁	灭	闪烁	灭	点亮	灭
右转弯刹车	灭	闪烁	灭	闪烁	灭	点亮
正常行驶	灭	灭	灭	灭	灭	灭

表 6-9 中的信号灯闪烁频率为 2 Hz,可用单片机内部定时器加软件计数实现,表中未出现的组合状态,为系统故障报警状态,报警灯(红色发光二极管)闪烁,频率为 30 Hz。

(3)故障检测模块则采用单片机监控 P_1 口信号灯的状态,将采集到的 P_1 口信号灯的状态与预设值对比,若不相同则报警器报警:报警灯闪烁,扬声器发出报警音响。单片机 $P_{3.0}$ 接实验箱扬声器电路(参照"图 4-10 响铃实验电路示意图"),$P_{3.1}$ 接实验箱红色发光二极管。

2. 设计要求

（1）基本要求

本课题硬件部分要求画出系统模块连接图，在实验平台上设计组成系统，并在其上调试自己设计、编写的程序，直到正确、完善达到要求为止。在软件程序设计方面，要完成以下基本内容：设计、编写系统各模块的软件程序并调试通过，画出各程序模块的流程图，实现表6-9所示的基本功能。

（2）附加要求

由于本系统只是开关量的控制，工作量和复杂度都不高，对于单片机掌握和运用能力较好的学生，可以考虑增加"实时显示LCD模块"，由单片机驱动LCD实时显示系统的工作状态，掌握实验箱LCD显示器FM12232的工作原理，并完成显示驱动程序的设计、编写和调试。

选题 14　多种波信号发生器

在现代电子学的电路实验和设备检测中，信号发生器具有十分广泛的用途，与示波器、电压表、频率计等仪器一样，是常用的最普通、最基本的仪器设备之一。各种波形曲线均可以用三角函数方程式来表示。能够产生多种波形的电路被称为函数信号发生器。现阶段函数信号发生器实现方法主要有以下几种：

方法1，用分立元件组成。通常采用RC振荡器或555定时器实现单函数发生器，这种单函数发生器的频率不高，工作稳定性较差，不易调试。

方法2，利用专用DDS（直接数字频率合成）技术芯片组成。DDS技术具有频率稳定度高、精度高和操作快捷等优点，能产生任意波形并达到很高的频率。但成本较高，且硬件设计要占用较多的端口资源。

方法3，利用51系列单片机。以单片机控制D/A转换芯片输出各种函数信号。成本低、理论上能产生任意波形，达到较高的频率，且易于设计和调试。

多种波信号发生器系统结构框图如图6-12所示。系统采用单片机控制8位数模转换器，DAC0832产生锯齿波、三角波、矩形波和正弦波，电压范围为0～5V，对应的数字量为00H～FFH；设置波形键（$S_1 \sim S_4$）选择输出波形，频率键（$S_5 \sim S_8$）选择波形的频率；显示器实时显示系统产生的波形和频率信息。

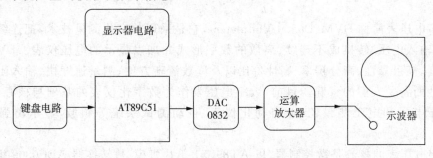

图 6-12　多种波信号发生器系统结构框图

由 AT89C51 单片机扫描键盘，根据频率键对应的键值通过改变延时产生不同频率，根据波形键的键值分别调用对应子程序产生多种波形。单片机产生的 00H～FFH 数字信号输入到 DAC0832 进行 D/A 转换，再通过 μA741 实现 I/V 转换后，输出波形到示波器显示。

1. 课题概况

用单片机实验装置实现多种波信号发生器系统。

本课题的硬件部分可以利用现有的目标板实验装置，实验箱上有 2×8 矩阵键盘、LED 显示器、K₀～K₇ 开关电路、DAC0832 电路等。具体安排如下：

(1) 波形键和频率键电路可采用两种方案。

方案 1，采用实验箱 2×8 矩阵键盘电路（参照"图 4-13　8279、键盘及 LED 显示电路示意图"），分别设置波形和频率功能键；

方案 2，采用实验箱 K₀～K₇ 开关电路与单片机 I/O 相连（参照"图 4-4　开关与指示灯实验电路示意图"），单片机 I/O 采集开关信号。

(2) DAC0832 电路参照"图 4-5　DAC0832 及直流电机实验电路示意图"。

(3) 显示器电路参照"图 4-13　8279、键盘及 LED 显示电路示意图"，实时显示系统产生的波形和频率信息，波形信息可以用"1、2、3、4"分别代表锯齿波、三角波、矩形波和正弦波。

本课题由单片机程序产生锯齿波、三角波、矩形波和正弦波。由于 AT89C51 单片机的最高振荡频率为 12MHz，对应的一个机器周期为 1 μs，如果要产生较高频率的波形，有可能会使波形失真。因此，用单片机控制 DAC0832 生成的波形所能达到的频率是有限的。

2. 设计要求

本课题硬件部分要求在 ZY15MCU12BC2 实验平台上，设计组成多种波信号发生器系统，画出系统硬件电路图。要求系统能够显示、输出矩形波、锯齿波、三角波、正弦波等几种基本波形，输出的波形频率在 1～1000Hz 范围内。由按键选择波形和波形频率。设计编写波形产生、输出波形选择、波形周期选择及键盘处理、LED 显示等子程序供系统主程序调用。在调试程序时，要求整个系统工作正常、显示正确、结果满意，并希望同学能深入思考、精益求精，提出对课题的改进意见。

选题 15　数字电压表

数字电压表简称 DVM（Digital Voltmeter），它是采用数字化测量技术，把连续的模拟量（直流输入电压）转换成不连续、离散的数字形式并加以显示的电压仪表。DVM 以其高准确度、高可靠性、高分辨率、高性价比以及读数清晰方便、测量速度快、输入阻抗高等优良特性而备受人们的青睐。目前，数字电压表作为数字化仪表的基础与核心，已被广泛应用于电子和电工测量、工业自动化仪表、自动测试系统等领域，显示出强大的生命力。

数字电压表的核心是微控制器，以 AT89C51 单片机模/数转换器 ADC0809 组成的简易数字电压表系统结构框图如图 6-13 所示。

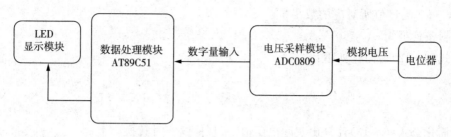

图 6-13　数字电压表系统结构框图

　　图 6-13 所示系统的测量电路主要由电压采样、数据处理和 LED 显示控制三个模块组成。电压采样模块由 8 位 A/D 转换芯片 ADC0809 构成,它负责将采集到的模拟量(电位器的电压)转换为相应的数字量,再传送到单片机处理;数据处理模块(单片机 AT89C51)主要完成对读入的数据存储、抗干扰软件数字滤波,标度转换等处理,并将测量结果电压输出 LED 显示;显示模块主要由 7 段 LED 管及驱动芯片 7406 组成,其功能是实时显示测量的电压值。上述电压表系统能够对输入的 0～5 V 模拟直流电压进行测量,测量误差约为 0.02 V。

1. 课题概况

　　用单片机实验装置实现直流数字电压表系统。

　　本课题的硬件部分可以利用现有的目标板实验装置,实验箱上有 LED 显示器、K_0～K_7 开关电路、ADC0809 电路等。具体安排如下:

　　(1)系统设置拨位开关为启动和复位键,采用实验箱 K_0～K_7 开关电路与单片机 I/O 相连(参照"图 4-4　开关与指示灯实验电路示意图"),单片机 I/O 采集开关信号。

　　(2)ADC0809 电路参照"图 4-12　ADC0809 实验电路示意图",ADC0809 的模拟通道4(AN4)为电位器输入通道。

　　(3)显示器电路参照"图 4-13　8279、键盘及 LED 显示电路示意图",实时显示系统测量结果电压值。

　　本课题软件数据处理包括 A/D 转换、软件数字滤波和标度转换等内容,A/D 转换可采取查询或中断方式。转换的数字量需要通过软件数字滤波进行平滑处理,软件数字滤波可采用算术平均法计算,这种滤波方法是连续进行 N 次数据采样,取 N 个数据的算术平均值作为最后的采样结果。线性参数标度变换即先根据算法将采样结果二进制数字量 00H～FFH 转换为十进制数 0～255,再通过式(6-12)将十进制数 0～255 转换成 0.00～5.00V 电压值:

$$A_x = (A_m - A_0)\frac{N_x - N_0}{N_m - N_0} + A_0 \qquad\qquad (6-12)$$

式中,A_0——测量仪表的下限;

　　　A_m——测量仪表的上限;

　　　A_x——实际测量值;

　　　N_0——仪表下限所对应的数字量;

　　　N_m——仪表上限所对应的数字量;

N_x——测量值所对应的数字量。

根据条件可知：$A_0 = 0V, A_m = 5V, N_0 = 0, N_m = 255$。

则式(6-12)可简化如下：

$$A_x = (A_m - A_0)\frac{N_x - N_0}{N_m - N_0} + A_0 = 5 \times \frac{N_x}{255} = \frac{N_x}{51} \qquad (6-13)$$

由简化公式(6-13)计算出实际电压值，实现标度实时转换。

最后将实际电压值送 LED 显示。可用 4 位 LED 显示，其中 1 位显示小数点。

2. 设计要求

本课题硬件部分要求在 ZY15MCU12BC2 实验平台上，设计组成直流数字电压表系统，画出系统硬件电路图。完成数据采集、A/D 转换、软件滤波、标度转换和 LED 显示等系统程序的设计、编写和调试。在调试程序时，要求整个系统工作正常、显示正确，并用一组实验数据验证数字电压表的精度，同时希望同学能深入思考、精益求精，提出对课题的改进意见。

选题 16　步进电机控制系统

在电气时代的今天，电动机一直在现代生产和生活中起着十分重要的作用。据资料统计，现有的 90％以上的动力源来自电动机，我国生产的电能大约有 60％用于电动机。步进电机是现代数字控制技术中最早出现的执行部件，其特点是可以将数字脉冲信号直接转换为一定数值的机械角位移，并且能够自动产生定位转矩使转轴锁定。简单地说，当步进驱动器接收到一个脉冲信号，它就驱动步进电机按设定的方向转动一个固定的角度（称为步距角 φ，步距角是步进电机的主要精度指标），因此，可以通过控制输入脉冲数来控制步进电机角位移量，从而达到准确定位的目的；同时还可以通过控制输入脉冲频率来控制电机的速度和加速度，从而达到调速的目的。步进电机的这种特性非常适合单片机控制步进驱动器。

1. 课题概况

（1）步进电机工作原理

步进电机本质上是一个数字-角度转换器。以三相电机为例，其结构原理如图 6-14 所示。由图 6-14 可知，步进电机的定子上有 6 个等分磁极：A、A′、B、B′、C、C′，相邻两个磁极间夹角为 60°，各相夹角为 120°，相对的两个磁极组成一组，即 A—A′，B—B′，C—C′。定子每个磁极上均匀分布了 5 个矩形小齿，电机转子圆周上也均匀地分布着 40 个小齿，相邻齿夹角为 9°。利用电磁学的性质可知，在某相绕组通电时，相应的定子磁极将产生磁场，与转子形成磁路；如此时定子的小齿与转子的小齿没有对齐，则在磁场作用下，转子就会转动一定角度，与齿对齐。

步进电机绕组的通电方式一般有以下三种方式。

① 单相轮流通电方式："单"是指每次切换前后只有一项绕组通电，在这种通电方式下，电机工作稳定性差，容易失步。对一个定子为 m 相，转子有 z 个齿的步进电机，其转动 360° 所需的步数为 mz 步。这种通电分配方式叫作"m 相单 m 状态"。

② 双相轮流通电方式："双"是指每次有两相绕组通电，定位精度比单相高。这种方式叫"m 相双 m 状态"。

③ 单双相轮流通电方式：以上两种通电方式的结合。这种方式叫作"m 相 2m 状态"。

步进电机从一种通电状态转换到另一种通电状态叫作一"拍"，若按照单相轮流通电方式，因为定子绕组为三相，每次只有一相绕组通电，而每一个循环只有三次通电，故称为三相单三拍通电；同理，若按照双相轮流通电方式，称为三相双三拍通电；若按照单双相轮流通电方式，则称为三相六拍通电。

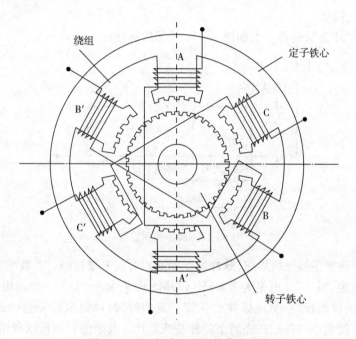

图 6-14　三相步进电机结构原理图

在图 6-14 三相单三拍控制方式下，当电机 A 相绕组通电，B、C 相不通电时，在磁场的作用下，转子齿和 A 相定子小齿对齐。设此状态为初始状态，并且令与 A 相磁极中心线对齐的转子齿为 0 号齿。由于 B 相磁极与 A 相磁极相差 120°，可知 $\dfrac{120°}{9°}=13\dfrac{1}{3}$，不为整数，即此时转子齿与 B 相定子小齿不对齐，只是转子的 13 号齿靠近 B 相磁极中心线，且相差 $\dfrac{1}{3}$ 个齿，即相差 3°。如果此时突然变为 B 相通电，而 A、C 相都不通电，那么，13 号齿就会在磁场的作用下转到与 B 相磁极中心线对齐的位置，于是转子就转动了 $\dfrac{1}{3}$ 个齿，即转动 3°（这个角度称为步距角 φ），这就是常说的步进电机"走了一步"。这样，按照 A→B→C→A 顺序通电 1 次，可以使转子转动 9°。由此得到步进电机的步距角计算公式：

$$\varphi=\frac{360°}{NZ}$$

式中，Z——转子齿数；

N——运行拍数，$N=MC$。

其中,M 为控制绕组相数,C 为状态系数,单三拍或双三拍时 $C=1$,单六拍或双六拍时 $C=2$。

同理,若按照 A→C→B→A 的顺序依次通电,步进电机则按相反方向转动 9°。

(2)步进电机控制原理

由前述可知,步进电机就是靠控制定子绕组轮流通电而转动的,驱动绕组的电压为直流 12V,当步进电机脉冲输入线上获得一个脉冲,它就会按照方向控制信号所指示的方向"走"一步。所以,由初始位置,只要知道步距角和走过的步数,便能得到电机最终的位置。

① 脉冲序列信号

步进电机要"步进",就得产生如图 6-15 所示的脉冲序列。

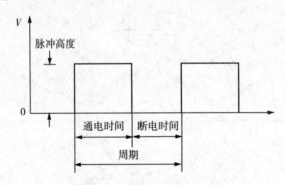

图 6-15 脉冲序列信号

图 6-15 的脉冲序列是用周期、脉冲高度和通断时间来描述的。在数字电路中,脉冲高度由元件电平决定,如 TTL 电平为 0～5V,COMS 电平为 0～10V。步进电机每一步的响应,都需要一定的时间,即一个高脉冲要保留一定的时间,以便电机完全达到一定的位置。步进电机转动角度大小与施加在绕组上的脉冲成正比。通断的时间可以利用延时在软件中实现,脉冲序列频率决定了步进电机的实际工作速率(转速)。可通过不同长度的延时来得到不同频率的步进电机输入脉冲,从而改变步进电机的转速。

② 方向控制信号

步进电机转动方向与输入脉冲的顺序有关,电机的转速既取决于控制绕组的通电频率,又取决于绕组的通电方式,表 6-10 给出三相步进电机的转动方向与各相绕组通电顺序和通电方式的对应关系。其他四相、五相、六相步进电机可以相似而得。

表 6-10　三相步进电机转动对应关系表

通电方式	通电顺序	转动方向
单三拍	A→B→C→A	正转
双三拍	AB→BC→CA→AB	正转
三相六拍	A→AB→B→BC→C→CA→A	正转
单三拍	A→C→B→A	反转
双三拍	AB→CA→BC→AB	反转
三相六拍	A→CA→C→BC→B→AB→A	反转

（3）单片机步进电机控制系统

可采用单片机产生脉冲序列和方向控制信号控制步进电机运转。基于单片机的步进电机控制系统结构框图如图6-16所示。

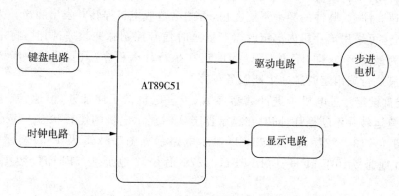

图6-16 单片机的步进电机控制系统结构框图

由于单片机的输出电压非常微弱（0~5V），不能直接驱动步进电机，从单片机输出的电压信号必须经过放大电路放大后才可以驱动步进电机。

本课题的硬件部分可以利用现有的目标板实验装置实现，实验箱上有AT89C51控制器电路、步进电机驱动电路、8279键盘和LED显示电路（或LCD显示电路）等。具体安排如下：

① 实验箱上使用的是四相步进电动机装置，步进电机驱动器由2片驱动芯片75452实现，单片机$P_{1.0}$~$P_{1.3}$输出脉冲信号控制75452驱动电机"步进"，$P_{1.0}$~$P_{1.3}$接实验箱75452输入端SA~SD。步进电机的步距角$\varphi=3.6°$，电动机转动1周为100步。

驱动电路由脉冲信号来控制，电机转动方向与线圈通电顺序有关。若采用四相单四拍控制方式，各线圈通电顺序与$P_{1.3}$~$P_{1.0}$脉冲分配方式产生的励磁逻辑如表6-11所示。

表6-11 四相单四拍步进电机转动励磁逻辑表

通电顺序	四相单四拍 $P_{1.3}$ $P_{1.2}$ $P_{1.1}$ $P_{1.0}$	控制字	拍数	转动方向
SA→SB→SC→SD	0 0 0 1	01H	0	正转
	0 0 1 0	02H	1	
	0 1 0 0	04H	2	
	1 0 0 0	08H	3	
SA→SD→SC→SB	0 0 0 1	01H	0	反转
	1 0 0 0	08H	1	
	0 1 0 0	04H	2	
	0 0 1 0	02H	3	

在编制程序时,先将表 6-11 中的控制字代码 01H、02H、04H、08H、01H、08H、04H、02H 按照顺序存入存储器中,由单片机通过 $P_{1.0}$~$P_{1.3}$ 接口依次送出至 SA~SD 端,即可控制步进电机转动(正转或反转)。步进电机转动后,只要改变给定脉冲的频率就可以改变步进电机的转速。注意:脉冲的频率不能太快,否则会造成电机停转并发出啸声。为了使步进电机平稳运行,可采用单片机内部定时器产生延时信号控制脉冲频率;同时,将定时器中断优先级设置为最高级,这样,不论 CPU 当前正在执行什么程序,只要定时中断请求信号一到就立即响应执行输出定时脉冲中断服务程序。

②由键盘设定步进电机步进计数器参数,步进电机按正向加速、恒速、减速和逆向加速、恒速、减速运转并不断循环,同时在显示器上实时显示电机的运行状态。键盘和显示器电路参照"图 4-13 8279、键盘及 LED 显示电路示意图",8255 及 LCD 显示电路部分。8255 的端口地址为 0BFFCH~0BFFFH,8279 命令口地址为 5FFFH,数据口地址为5EFFH。

2. 设计要求

本课题要求在 ZY15MCU12BC2 实验平台上,设计组成步进电机控制系统,实现如下功能:

(1)设计并完成系统控制电路并画出硬件电路图。

(2)由键盘设定步进电机步进计数器参数,设置启动键,步进电机转速按正向加速、恒速、减速运转,逆向加速、恒速、减速运转不断循环,同时在 LED 显示器显示电机转速值,或在 LCD 上显示步进电机的工作状态。

(3)设置加速、减速、正转、反转和停止等功能键,按下不同的功能键,分别使步进电机实现顺时针和逆时针旋"步进"一步。连续按键,电机连续"步进"。同时,在 LED 显示器显示电机转速值,或在 LCD 上显示步进电机的工作状态。按下停止键,电机停转。

(4)设计、编写实现上述功能的软件程序。

本课题要求的显示功能可以依具体设计进度而定,如果时间来不及,也可以只完成其中一种显示功能。

选题 17　模拟电梯控制系统

电梯是随高层建筑的兴建而开始发展起来的一种垂直运输工具。多层的厂房和多层的仓库需要有货梯,高层的住宅必须有住宅梯,百货大楼和宾馆需要有客梯、自动扶梯,等等。人们对电梯安全性、高效性、舒适性的不断追求,推动了电梯技术的进步。

目前,电梯控制主要有三种方式:继电器控制、可编程控制器控制、单片机控制。采用基于单片机系统的电梯控制器具有运行可靠、故障率低、耗能少、维修方便等特点,已成为方便有效的电梯控制系统。

1. 课题概况

(1)电梯运行基本原理

电梯运行基本过程是:由外部呼叫信号给出呼叫,控制系统判断厢体目前所处位置并与呼叫楼层进行对照,是同方向还是反方向。若是反方向,则改变方向到呼叫层;若是同方向,则直接运行到呼叫层。在方向上,以同方向呼叫优先,且具有最远方向接车功能。厢体的运动方式是:"启动→慢速→快速",到达指定楼层之前则是"快速→慢速→平层停车"。在所有呼叫中,消防优先级最高。一旦消防呼叫,电梯就近平层停车,然后直接返回基站,不再响应任何外呼叫信号,只响应内选操作,以保证消防工作的使用。

(2)基于单片机模拟电梯控制

基于单片机的电梯控制的工作原理是:当某层有要梯信号输入时,呼梯信号锁存系统将要梯信号锁存,待单片机查询到要梯信号后,根据要梯信号的位置(即楼层数)和电梯所处的位置,决定电梯运行方向;并启动电梯到要梯层停梯、开门,待乘客进入电梯关门后,再根据乘客要求把乘客送到目的层。

可采用单片机实验装置实现电梯模拟控制。基于单片机的电梯模拟控制系统结构框图如图 6-17 所示。

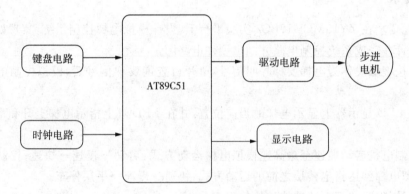

图 6-17　单片机电梯控制系统结构框图

图 6-17 中键盘电路功能:2 个按键模拟电梯的"开始运行"和"停止运行"控制。按下"开始运行"按键,启动电机模拟电梯运行;按下"停止运行"按键,关闭电机。1~4 按键为楼层要梯呼叫信号(模拟 4 层),按下按键楼层号后,待单片机查询到要梯信号,根据要梯信号的位置(即楼层数)和电梯所处的位置,决定电梯运行方向,并启动电梯到要梯层停梯、开门,待乘客进入电梯关门,再根据乘客要求把乘客送到目的层,电梯正常运行时以 2 秒/层的速度上升或下降;可以将消防呼叫信号设置为特殊功能键。键盘电路可采用实验箱矩阵键盘实现。

图 6-17 中显示电路功能:3 个 LED 灯模拟停梯、开门和关门动作,模拟停梯、开门和关门动作的时间分别为 1s、2s、2s;2 个 LED 灯分别指示电梯当前的升降状态,红色 LED 灯指示电梯上升,绿色 LED 灯指示电梯下降,七段显示器显示电梯箱体的实时楼层位置(1~4)。也可以用七段显示器显示电梯当前的升降状态,如显示"u"表示上升,显示"d"表示下降。显示电路可采用实验箱 LED 指示灯和七段显示器实现。

图 6-17 中电机驱动电路功能:启动电机转动模拟电梯运行,电机停转模拟电梯停止运行。电梯运动方式:启动→慢速→快速,可以用电机启动加速至最高速模拟;到达指定楼层之前运动方式:快速→慢速→平层停车,可以用电机减速至停转模拟。

本课题的硬件部分可以利用现有的目标板实验装置实现,包括实验箱上的 AT89C51 控制器电路、直流电机驱动电路、2×8 矩阵键盘、LED 显示器、$L_0 \sim L_7$ 发光二极管电路等。

具体安排如下:

① 用实验箱发光二极管 $L_0 \sim L_7$ 分别模拟停梯、开门和关门动作,以及指示电梯当前的升、降状态,控制模块 AT89C51 的 P_1 口作输出口控制二极管点亮或闪烁,$P_{1.0} \sim P_{1.7}$ 分别连接 $L_0 \sim L_7$(参照"图 4-4 开关与指示灯实验电路示意图")。

② LED 显示器电路参照"图 4-13 8279、键盘及 LED 显示电路示意图",实时显示当前楼层位置。

③ 采用实验箱 2×8 矩阵键盘电路(参照"图 4-13 8279、键盘及 LED 显示电路示意图"),分别设置 $1 \sim 4$ 按键为楼层要梯呼叫信号键,并设置启动键和停止键。

④ 驱动电路可选用实验箱直流电机驱动电路实现。可用 $P_{1.7}$ 引脚输出控制信号驱动实验箱上直流电机 PM 的启动、停止,$P_{1.7}$ 输出高电平,经反相器驱动电机 PM 启动;$P_{1.7}$ 输出低电平,电机停止运转。驱动电路还可以选用实验箱步进电机驱动电路实现。

2. 设计要求

本课题要求在 ZY15MCU12BC2 实验平台上,设计模拟电梯控制系统,实现如下功能。

(1)设计并完成系统控制电路并画出硬件电路图。

(2)由按键触发作为电梯要梯呼叫信号,单片机查询要梯信号后,模拟控制电梯的工作过程。

(3)在 LED 显示器上显示电梯的当前位置,并在 LED 灯上指示电梯上升和下降的工作状况。

(4)控制电机启动加速至最高速模拟电梯运动方式:启动→慢速→快速;控制电机减速至停转模拟电梯到达指定楼层之前的运动方式:快速→慢速→平层停车。

(5)设计、编写实现上述功能的软件程序。

本课题(1)~(3)项为基本功能,(4)项作为补充功能,在完成了基本功能后,依具体设计进度而定。如果时间来不及,只需要完成基本功能即可。

选题 18 照相机自拍控制系统

1. 课题概况

利用单片机及相关芯片构成照相机自拍控制系统。照相机自拍控制系统由 AT89C51 单片机、信号灯指示模块、键盘/显示模块组成,系统结构框图如图 6-18 所示。

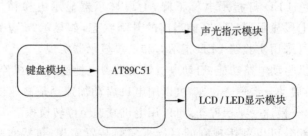

图 6-18 照相机自拍控制系统结构框图

其中键盘模块主要完成应用按键启动/停止系统工作,以及选择系统工作模式等操作;声光指示模块采用发光二极管和蜂鸣器模拟指示快门的开启动作;LCD/LED 显示模块实时显示自拍控制过程的时间值。

本课题的硬件部分可以利用现有的目标板 ZY15MCU12BC2 实验平台:键盘模块采用实验平台 2×8 矩阵键盘电路、声光指示模块采用实验平台和蜂鸣器电路、LCD/LED 显示模块采用实验平台七段 LED 显示电路、LCD 显示电路。具体安排如下。

(1)系统设置启动/停止按键,系统启动后 LCD/LED 显示器即显示启动界面,系统启动界面由用户自行设置。键盘电路参照本书第 1 部分第 4 章"图 4-13　8279、键盘及 LED 显示电路示意图",LCD 电路参照本书第 1 部分第 4 章"图 4-21　FM12232A 与 8255A 接口电路图"。

(2)在启动照相机自拍系统后,照相机应在 2 分钟内启动快门,前 30 秒时间段每 2 秒点亮一次红色发光二极管(占空比 1:1);30~60 秒的时间段内,每 1 秒点亮一次;60~90 秒的时间段内,每 0.5 秒点亮一次;60~120 秒的时间段内,每 0.1 秒点亮一次;120 秒之后红色发光二极管熄灭,绿色发光二极管点亮一分钟,同时蜂鸣器发声以表示快门开启。

(3)在照相机自拍 L_0~L_7 发光二极管系统工作时,LCD/LED 显示模块实时显示自拍控制过程各时间段的时间(倒计时方式)。LCD/LED 显示器的选择——可选择 LED 显示器,也可选择 LCD 显示器,或 LCD、LED 同时选择。

(4)在照相机自拍系统工作的任意时间段,按下停止键,自拍系统停止工作,系统回到启动界面。

2. 设计要求

(1)基本要求

本课题硬件部分要求根据系统工作原理图绘制系统硬件电路图,在实验平台上设计组成照相机自拍控制系统,并调试自主设计、编写的程序,主要包括:主程序、键盘控制子程序、LED 显示子程序、声光报警子程序等。在调试程序时,要求整个系统工作正常、显示正确、结果满意,并希望同学能深入思考、精益求精,提出对课题的改进意见。

(2)附加要求

由于本系统只是开关量、定时器、软件延时控制,工作量和复杂度都不高,对于单片机掌握和运用能力较好的学生,可以考虑选择"实时显示 LCD 模块",由单片机驱动 LCD 显示启动界面、实时显示系统各时间段时间,掌握实验箱 LCD 显示器 FM12232 的工作原理并完成显示驱动程序的设计、编写和调试。

选题 19　智能车速里程表

汽车仪表是汽车与驾驶员进行信息交流的窗口,也是汽车高尖技术的主要部分。传统的汽车转速里程表一般采用软轴驱动,其主要功能有两个:一是用指针指示汽车行驶的实时车速,二是用机械计数器记录汽车行驶的累计里程。随着车速的不断提高,用软轴驱动的车速里程表因为软轴在高速旋转时,受钢丝交变应力极限的限制容易断裂,同时,软轴布置过长会出现形变过大或运动迟滞等现象,而且,对于不同的车型,软轴驱动的转速里程表的安装位置也会受到软轴长度及弯曲度的限制。随着现代汽车电子技术和计算机技术的飞速发展,基于高性能微控制器和液晶显示器的电子仪表已经广泛应用于汽车仪表领域。

1. 课题概述

本课题"车速里程表"的解决方案是基于 ZY15MCU12BC2 实验平台的相关功能模块模拟车速里程表,系统工作原理如图 6-19 所示。

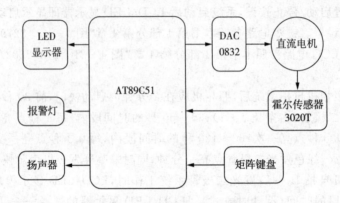

图 6-19　车速里程表工作原理图

图中直流电机模拟汽车轮胎转动,在 ZY15MCU12BC2 实验平台直流电机转轴的转盘边沿固定了一块永久磁钢,并在转盘附近安装一个霍尔开关传感器 3020T,当直流电机转动时,转盘随转轴旋转,磁钢也跟着转动,受磁钢转动产生的磁场影响,霍尔器件 3020T 输出脉冲信号,ZY15MCU12BC2 实验平台 3020T 输出脉冲信号引脚为 CKMOT,CKMOT 输出 1 个脉冲信号,表明直流电机转动一周,输出的脉冲信号频率和转速成正比。因此,只要测出脉冲信号的频率或周期就能够计算出直流电机的转速。可以用单片机的外部中断引脚 ($\overline{INT_0}$)或($\overline{INT_1}$)采集脉冲信号,CKMOT 输出 1 个脉冲信号,在 $\overline{INT_0}$ 或 $\overline{INT_1}$ 引脚就会产生一次中断请求,在中断服务程序中设置软件计数器计数中断请求次数。

电机转速计算:应用单片机内部定时器/计数器 T_0/T_1 定时 1s,根据 1s 采集的软件计数器的计数值计算出电机转速 n/s(转/秒),再转换为 km/h(千米/小时)。

车速与里程的速比是:车速里程表转轴(软轴)在汽车行驶 1 千米时所转过的转数。本课题是模拟车速里程表,设定霍尔传感器输出 8 个脉冲代表转轴转一圈,以速比为1:624的车型为例,汽车行驶一千米则霍尔传感器发出的脉冲数为 $8 \times 624 = 4992624$,或者说每个脉冲代表了 $\frac{1}{4992}$ 千米的里程。在单片机内部 RAM 中设置里程缓冲区,累加里程数。当软件计数值计满 4992 时,表明汽车行驶了 1 千米,里程累计单元加一。

LED 显示器显示当前车速和里程数,车速和里程数以十进制数显示。可以在键盘中设置功能键:速度键、里程键,通过按键控制 LED 显示器显示内容。当车速超出最大值(最大车速由用户自主定义),触发发光二级管报警灯和扬声器工作。

系统设置启动/停止按键,系统启动后 LED 显示器即显示启动界面,系统启动界面由用户自行设置。键盘电路参照本书第 1 部分第 4 章"图 4-13　8279、键盘及 LED 显示电路示意图"。在系统工作的任意时刻,按下停止键,系统停止工作回到启动界面。

DAC0832 完成直流电机调速功能。直流电机的转速与施加于电机两端的电压有关，ZY15MCU12BC2 实验平台直流电机驱动电路有 D/A 转换和 PWM 两种方式，通过实验平台上控制开关 K8 来选择驱动方式：当 K8 拨向下时为 D/A 转换方式，当 K8 拨向上时为 PWM 方式。两种驱动方式都是通过三极管来驱动直流电机转动的。在 D/A 转换方式下，将 DAC0832 输出电流信号经过 I/V 转换（采用 741 运放器实现）后，接在电机的电压端，由单片机控制 DAC0832 输出的模拟电压信号，从而控制直流电机的转速。

2. 设计要求

（1）基本要求

本课题硬件部分要求根据系统工作原理图绘制系统硬件电路图，在实验平台上设计组成车速里程表系统，并调试自主设计、编写的程序，主要包括：主程序、定时器中断程序、外部中断程序、键盘控制子程序、LED 显示子程序、声光报警子程序等。在调试程序时，要求整个系统工作正常、显示正确、结果满意，并希望同学能深入思考、精益求精，提出对课题的改进意见。

（2）附加要求

本系统 DAC0832 调速功能作为系统功能的扩展，对于单片机掌握和运用能力较好的学生，可以考虑选择。掌握实验箱 DAC0832 直流电机调速原理，并完成调速程序的设计、编写和调试。另外，还可以增加 LCD 显示模块，由单片机驱动 LCD 显示启动界面、实时显示车速和里程，掌握实验箱 LCD 显示器 FM12232 的工作原理并完成显示驱动程序的设计、编写和调试。

选题 20   出租车计价器

1. 课题概述

我国出租车行业发展迅速，全国出租车公司数以千计，出租车计价器的市场非常庞大。本课题"出租车计价器"的解决方案是基于 ZY15MCU12BC2 实验平台的相关功能模块模拟出租车计价器，系统在乘客乘坐出租车到达目的地后，测量出租车行驶路程及计算该路程的金额，并显示行驶里程和金额，系统工作原理如图 6-20 所示。

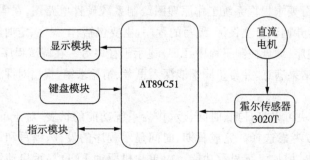

图 6-20　出租车计价器工作原理图

图中直流电机模拟汽车轮胎转动，在 ZY15MCU12BC2 实验平台直流电机转轴的转盘边沿固定了一块永久磁钢，并在转盘附近安装一个霍尔开关传感器 3020T，当直流电机转动时,转盘随转轴旋转,磁钢也跟着转动,受磁钢转动产生的磁场影响,霍尔器件 3020T 输出脉冲信号,ZY15MCU12BC2 实验平台 3020T 输出脉冲信号引脚为 CKMOT,CKMOT 输出 1 个脉冲信号,表明直流电机转动一周,输出的脉冲信号频率和转速成正比。因此,只要测出脉冲信号的频率或周期就能够计算出直流电机的转速。可以用单片机的外部中断引脚 $(\overline{INT_0})$ 或 $(\overline{INT_1})$ 采集脉冲信号,CKMOT 输出 1 个脉冲信号,在 $\overline{INT_0}$ 或 $\overline{INT_1}$ 引脚就会产生一次中断请求,在中断服务程序中设置软件计数器计数中断请求次数。

电机转速计算:应用单片机内部定时器/计数器 T_0/T_1 定时 1s,根据 1s 采集的软件计数器的计数值计算出电机转速 n/s(转/秒),再转换为 km/h(千米/小时)。

车速与里程的速比是:车速里程表转轴(软轴)在汽车行驶 1km 米时所转过的转数。本课题设定霍尔传感器输出 8 个脉冲代表转轴转一圈,以速比为1:624的车型为例,出租车行驶 1km,则霍尔传感器发出的脉冲数为 $8 \times 624 = 4992624$km,或者说每个脉冲代表了 $\frac{1}{4992}$km 的里程。在单片机内部 RAM 中设置里程缓冲区,累加里程数。当软件计数值计满 4992 时,表明出租车行驶了 1km,里程累计单元加一。出租车收费价格由用户自主设定,应设置起步价(元)和每千米价格(元)。

显示模块显示当前里程数和金额,里程数和金额以十进制数显示。可以在键盘中设置功能键:里程键、金额键,通过按键控制显示器显示内容。

指示模块由 ZY15MCU12BC2 实验平台开关电路和发光二极管电路组成,参照本书第 1 部分第 4 章"图 4 - 4 开关和指示灯实验电路示意图"。其主要功能是模拟指示乘客开始乘坐出租车和乘客到达目的地,应设置启动/停止开关和指示灯。当拨动启动开关时绿色发光二极管灯点亮、红色发光二极管灯熄灭,计价器开始工作,当拨动停止开关时红色发光二极管灯点亮、绿色发光二极管灯熄灭,显示器显示里程数和金额。

系统设置启动/停止按键,系统启动后显示器即显示启动界面,系统启动界面应显示出租车计价器初值(元)。键盘电路参照本书第 1 部分第 4 章"图 4 - 13 8279、键盘及 LED 显示电路示意图"。在系统工作的任意时刻,按下停止键,系统停止工作回到启动界面。

2. 设计要求

(1)基本要求

本课题硬件部分要求根据系统工作原理图绘制系统硬件电路图,在实验平台上设计组成出租车计价器系统,并调试自主设计、编写的程序,主要包括:主程序、定时器中断程序、外部中断程序、价格计算程序、键盘控制子程序、LED 显示子程序等。在调试程序时,要求整个系统工作正常、显示正确、结果满意,并希望同学能深入思考、精益求精,提出对课题的改进意见。

(2)附加要求

本系统显示模块可以将日期、时间显示作为系统功能的扩展,对于单片机掌握和运用能力较好的学生,可以考虑选择。完成日期、时间显示程序的设计、编写和调试。另外,还可以增加 LCD 显示模块,增加汉字显示功能。由单片机驱动 LCD 显示启动界面、实时显示里程和金额,掌握实验箱 LCD 显示器 FM12232 的工作原理并完成显示驱动程序的设计、编写和调试。还可以动态设置出租车的起步价和每千米价格,系统启动后从键盘输入起步价和每千米价格,使得系统使用更加方便、灵活。

选题 21 电子课程表系统

1. 课题概述

本课题"电子课程表系统"的解决方案是基于 ZY15MCU12BC2 实验平台的相关功能模块模拟电子课程表功能：

(1)实现 LCD 液晶屏课程表滚动显示。

(2)实现 6 位七段数码管显示实时时间时、分、秒。

(3)实现按键控制时间的输入及修改。

＊(4)实现按键控制课程名称的输入及修改。

＊(5)实现节日画面显示。

系统工作原理如图 6-21 所示。

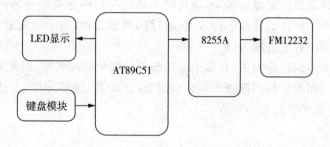

图 6-21 电子课程表系统工作原理图

图中键盘模块采用实验平台 2×8 矩阵键盘电路，LED 显示模块采用实验平台 6 个七段 LED 显示器，电路设计参照本书第 1 部分第 4 章"图 4-13 8279、键盘及 LED 显示电路示意图"。LCD 显示电路采用实验平台 FM12232A 液晶显示屏，显示驱动电路设计参照本书第 1 部分第 4 章"图 4-21 FM12232A 与 8255A 接口电路图"。

LCD 液晶屏的显示驱动原理，请仔细阅读本书第 1 部分第 4 章"实验 14 基于 FM12232A 液晶显示控制实验"。

6 位七段数码管显示实时时间时、分、秒，以及按键控制时间的输入及修改设计内容参考本书第 2 部分第 6 章"选题 1 电脑时钟"的设计方案及参考程序。

电子课程表的表头设计和内容由用户根据本学期课表自主制定。

系统设置启动/停止按键，系统启动后 LED/LCD 显示器即显示启动界面，LED 显示器启动界面应显示 00-00-00(时、分、秒)，LCD 显示器启动界面内容由用户自主设计。在系统工作的任意时刻，按下停止键，系统停止工作回到启动界面。

2. 设计要求

(1)基本要求

本课题硬件部分要求根据系统工作原理图绘制系统硬件电路图，在实验平台上设计组成电子课程表系统,并调试自主设计、编写的程序,主要包括:主程序、6位七段LED输入、修改、显示时、分、秒子程序、FM12232A显示子程序、键盘控制子程序等。在调试程序时,要求整个系统工作正常、显示正确、结果满意,并希望同学能深入思考、精益求精,提出对课题的改进意见。

(2)附加要求

本系统设计内容和工作量较大,系统功能"(4)实现按键控制课程名称的输入及修改"、"(5)实现节日画面显示"作为附件设计内容,对于单片机掌握和运用能力较好的学生,可以考虑选择。功能"(4)按键控制课程名称的输入及修改"设计应注意,由于课程名称是汉字,输入时应考虑采用课程名称的编码输入,因此,需在单片机存储器中建立课程名称的编码表。功能"(5)实现节日画面的显示",显示内容自定。

选题 22　简易电子琴

电子琴是一种新型的键盘乐器,是现代电子科技与音乐完美结合的产物。电子琴应用半导体电子技术产生乐音信号并进行放大,通过扬声器发音,电子琴发音量可以自由调节,音域宽广,和声丰富,音乐表现力强。

一首乐曲是由不同音阶组成的,每个音阶都有与其对应的频率,因此通过产生不同频率创作出音乐作品。而单片机内部资源包含定时器/计数器,能够方便、灵活的产生各种方波频率信号,易实现电子琴的基本功能。

1. 课题概述

本课题"简易电子琴"的解决方案是基于ZY15MCU12BC2实验平台,以AT89C51单片机为核心控制元件,与键盘、发光二极管指示灯、扬声器等相关功能模块构成简易电子琴系统,实现单独演奏和自动播放乐曲等功能,系统工作原理如图6-22所示。

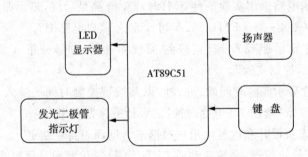

图6-22　简易电子琴系统工作原理图

简易电子琴系统具有2个功能:

(1)单独演奏

键盘上"1、2、3、4、5、6、7"这7个按键分别对应"do、re、mi、fa、so、la、si"七个音阶。当按下音阶按键时,扬声器发出对应频率音调。表6-12给出了C调高、中、低音的音阶与频率对应关系。

表 6-12　C 调高、中、低音阶与频率关系对应表

音阶（低）	频率（Hz）	音阶（中）	频率（Hz）	音阶（高）	频率（Hz）
do	262	do	523	do	1046
re	294	re	587	re	1175
mi	330	mi	659	mi	1318
fa	349	fa	698	fa	1397
so	392	so	784	so	1568
la	440	la	880	la	1760
si	494	si	968	si	1967

注：表中音调频率仅供参考。

　　根据表中的频率，分别计算出产生各音调时单片机内部定时器 T_0 或 T_1 的初值 X，并建立 C 调高、中、低音的音阶初值 X 数据表，当按下音阶按键时，由查表指令获取该音阶频率的定时器初值 X，启动定时器工作产生频率信号并输出至扬声器发出对应音调。键盘上"1、2、3、4、5、6、7"这 7 个按键同时对应实验平台上 $L_0 \sim L_7$ 发光二极管电路，当按下音阶按键时，产生相应的音调，同时对应二极管指示灯点亮。表 6-12 中高、中、低音的产生方法：可以在键盘设置高、中、低音 3 个功能键，由功能键+"1、2、3、4、5、6、7"按键产生高、中、低音的音调。建议在单片机内存设定高、中、低音 3 个定时器初值 X 音调表分别调用。

　　（2）播放音乐

　　在单片机内存建立若干个乐曲频率表，并在键盘设置对应播放功能键，按下播放键，系统调用对应乐曲表播放乐曲，同时在 LED 显示器显示播放乐曲编号"■ ■ ■ ■ ××"。

　　图中键盘模块采用实验平台 2×8 矩阵键盘电路，LED 显示模块采用实验平台 6 个七段 LED 显示器，电路设计参照本书第 1 部分第 4 章"图 4-13　8279、键盘及 LED 显示电路示意图"。

　　系统设置启动/停止按键，系统启动后 LED 显示器即显示启动界面，系统启动界面由用户自行设置。在系统工作的任意时刻，按下停止键，系统停止工作回到启动界面。

2. 设计要求

　　（1）基本要求

　　本课题实现键盘演奏功能为系统设计的基本要求。其中硬件部分要求根据系统工作原理图绘制系统硬件电路图，在实验平台上设计组成简易电子琴系统，并调试自主设计、编写的程序，主要包括：主程序、定时器子程序、键盘控制子程序、LED 显示子程序、扬声器驱动子程序等。在调试程序时，要求整个系统工作正常、显示正确、结果满意，并希望同学能深入思考、精益求精，提出对课题的改进意见。

　　（2）附加要求

　　播放音乐功能作为系统功能的扩展，对于单片机掌握和运用能力较好的学生，可以考虑选择。

选题 23 自 拟 选 题

自拟课题,学生可以根据各自的兴趣点、疑难点或学习关键点以及嵌入式系统的新技术和新器件应用等方面自行设计选题、内容和要求。自拟课题应提交指导教师审阅通过,这有利于教师了解学生的学习情况,也有助于教师积累实验教学经验,以不断改进教学方法,提高教学质量。

附件　课程设计报告封面

课程设计任务书

（201　　级）

学 院 名 称 ＿＿＿＿＿＿＿＿＿＿＿＿＿＿＿＿

设 计 题 目 ＿＿＿＿＿＿＿＿＿＿＿＿＿＿＿＿

专业（班级） ＿＿＿＿＿＿＿＿＿＿＿＿＿＿＿＿

姓名（学号） ＿＿＿＿＿＿＿＿＿＿＿＿＿＿＿＿

指 导 教 师 ＿＿＿＿＿＿＿＿＿＿＿＿＿＿＿＿

成 　 　 绩 ＿＿＿＿＿＿＿＿＿＿＿＿＿＿＿＿

日 　 　 期 ＿＿＿＿＿＿＿＿＿＿＿＿＿＿＿＿

参 考 文 献

[1] 王琼. 单片机原理及应用[M]. 第 2 版. 合肥:合肥工业大学出版社,2015.

[2] 刘瑞新. 单片机原理及应用教程[M]. 北京:机械工业出版社,2003.

[3] 潘新民,王燕芳. 单片微型计算机实用系统设计[M]. 北京:人民邮电出版社,1992.

[4] 徐惠民,安德宁,丁玉珍. 单片微型计算机原理、接口及应用[M]. 第 3 版. 北京:北京邮电大学出版社,2008.

[5] 丁元杰,吴大伟,沈晋源. 单片微机习题集与实验指导书[M]. 第 3 版. 北京:机械工业出版社,2005.

[6] 湖北众友科技实业股份有限公司. ZY15MCU12BC2 单片机原理实验指导书[Z]. 2004.

[7] 李光飞,李良儿,楼然苗,等. 单片机 C 程序设计实例指导[M]. 北京:北京航空航天大学出版社,2006.

[8] 薛栋梁. MCS-51/151/251 单片机原理与应用(二)[M]. 北京:中国水利水电出版社,2001.

[9] 楼然苗,李光飞. 51 系列单片机设计实例[M]. 第 2 版. 北京:北京航空航天大学出版社,2006.

[10] 杨振江,杜铁军,李群. 流行单片机实用子程序及应用实例[M]. 西安:西安电子科技大学出版社,2002.

[11] 徐爱均,彭秀华. Keil C5×17. 0 系列单片机高级语言编程与 μVision2 应用实践[M]. 第 2 版. 北京:电子工业出版社,2004.

[12] 徐建军. MCS-51 系列单片机应用及接口技术[M]. 北京:人民邮电出版社,2003.

[13] 蒋辉平,周国雄. 基于 Proteus 的单片机系统设计与仿真实例[M]. 北京:机械工业出版社,2009.

[14] 朱清慧,张凤蕊,翟天高,等. Proteus 教程——电子线路设计制版与仿真[M]. 北京:清华大学出版社,2008.

[15] 周润景,张丽娜,丁莉. 基于 Proteus 的电路及单片机系统设计与仿真[M]. 第 2 版. 北京:北京航空航天大学出版社,2009.

[16] 严天峰. 单片机应用系统设计与仿真调试[M]. 北京:北京航空航天大学出版社,2005.